Hamida Tun-Nisa Chisti
Rafia Bashir
Rizwana Mobin

Poluição da água e técnicas de tratamento

Hamida Tun-Nisa Chisti
Rafia Bashir
Rizwana Mobin

Poluição da água e técnicas de tratamento

ScienciaScripts

Imprint

Any brand names and product names mentioned in this book are subject to trademark, brand or patent protection and are trademarks or registered trademarks of their respective holders. The use of brand names, product names, common names, trade names, product descriptions etc. even without a particular marking in this work is in no way to be construed to mean that such names may be regarded as unrestricted in respect of trademark and brand protection legislation and could thus be used by anyone.

Cover image: www.ingimage.com

This book is a translation from the original published under ISBN 978-620-2-30506-8.

Publisher:
Sciencia Scripts
is a trademark of
Dodo Books Indian Ocean Ltd. and OmniScriptum S.R.L publishing group

120 High Road, East Finchley, London, N2 9ED, United Kingdom
Str. Armeneasca 28/1, office 1, Chisinau MD-2012, Republic of Moldova, Europe
Printed at: see last page
ISBN: 978-620-7-63716-4

Capítulo 1

Poluição da água

Resumo

A água é um componente essencial para a sobrevivência da vida na Terra, contendo minerais importantes para os seres humanos, plantas e vida aquática. A água, um dos recursos naturais mais importantes e um valioso património nacional, é o principal componente do ecossistema, um solvente universal e a substância mais abundante na Terra. Cerca de 2 % da água do nosso planeta é água doce, mas 1,6 % está retida nas calotes polares e nos glaciares. Outros 0,36% encontram-se no subsolo, em aquíferos e poços. Isto significa que apenas cerca de 0,036% do abastecimento total de água da Terra está acessível em lagos e rios. Devido à industrialização e às actividades humanas, há cada vez mais poluentes a entrar nas reservas de água. Qualquer alteração física, química ou biológica da qualidade da água que tenha um efeito prejudicial nos organismos vivos ou que torne a água inadequada para o uso a que se destina é considerada poluição da água.

1.1 Introdução

A água é um componente essencial para a sobrevivência da vida na Terra. Contém minerais que são importantes para os seres humanos, bem como para a vida na terra e nas massas de água. A água, um dos recursos naturais mais importantes e um valioso património nacional, é o principal componente do ecossistema. A água é um solvente universal e a substância mais abundante na Terra. Devido ao seu elevado calor específico, à sua elevada constante dieléctrica, à sua densidade máxima a 4°C e à sua gama líquida de 0-100°C, é uma das substâncias químicas mais importantes. A química aquática diz respeito aos processos químicos que influenciam a distribuição e a circulação de compostos químicos nas águas naturais e o comportamento químico das águas marinhas, estuários, rios, lagos e águas subterrâneas. O ambiente aquático natural caracteriza-se por uma complexidade que raramente se encontra no laboratório. As águas naturais são, de facto, sistemas abertos e dinâmicos com massa e energia variáveis. O fluxo de energia (radiação solar) de um potencial mais elevado para um potencial mais baixo impulsiona os ciclos hidrológicos e geoquímicos. A água é um recurso necessário para os seres humanos, e a disponibilidade de água boa e potável tem sido um dos factores mais importantes que influenciam o desenvolvimento da civilização. Desde os primórdios da civilização, os esforços para eliminar os resíduos do ambiente natural não acompanharam o ritmo da quantidade crescente de materiais residuais. Atualmente, o mundo enfrenta o problema da população, da poluição e da pobreza. Este facto levou à transformação de massas de água em aterros sanitários. Como resultado, o equilíbrio ecológico destes ecossistemas foi perturbado e, nalguns casos, completamente rompido. Os efeitos negativos dos resíduos são mais acentuados nas águas interiores, uma vez que estas servem tradicionalmente de bacias de captação de águas residuais. Além disso, cada vez mais zonas dependem das águas superficiais para o seu abastecimento de água, uma vez que as reservas naturais de água subterrânea estão a esgotar-se e é difícil explorar novas fontes. As fontes de água podem assumir principalmente a forma de rios, lagos, glaciares, águas pluviais, águas subterrâneas, etc. Para além da necessidade de água potável, os recursos hídricos desempenham um papel importante em vários sectores económicos, como a agricultura, a pecuária, a silvicultura, a indústria, a energia hidroelétrica, a pesca e outras actividades criativas. A disponibilidade e a qualidade das águas superficiais e subterrâneas têm-se deteriorado devido a vários factores importantes, como o crescimento demográfico, a industrialização, a urbanização, etc. A qualidade da água é considerada o fator mais importante para a saúde humana e animal e para o estado das doenças. A qualidade das águas superficiais de uma região é largamente determinada por processos naturais (meteorização e erosão do solo) e por factores antropogénicos (descargas de águas residuais municipais e industriais). As descargas antropogénicas são uma fonte constante de poluição, ao passo que o escoamento superficial é um fenómeno sazonal que é largamente influenciado pelo clima da bacia hidrográfica. Os lagos estão sujeitos a vários processos naturais que ocorrem no ambiente, como o ciclo hidrológico. O escoamento das águas pluviais e a descarga de águas residuais nos lagos são duas vias comuns através das quais vários nutrientes entram nos ecossistemas aquáticos e conduzem à morte destes sistemas.

As características da qualidade da água do ambiente aquático resultam de uma variedade de interacções físicas, químicas e biológicas. A monitorização regular das massas de água utilizando os parâmetros de qualidade da água exigidos não só previne surtos de doenças, como também ajuda a minimizar a ocorrência de perigos. Os sistemas de água doce são cruciais para a sustentabilidade de toda a vida. No entanto, o declínio da qualidade da água nestes sistemas ameaça a sua sustentabilidade. Os lagos e os reservatórios de água de superfície são os recursos de água doce mais importantes do planeta e oferecem inúmeros benefícios. São utilizados para fins domésticos e de irrigação e constituem ecossistemas para a vida aquática, nomeadamente para os peixes, servindo assim de fonte de proteínas vitais e de elementos importantes da biodiversidade mundial. Têm benefícios sociais e económicos significativos através do turismo e do lazer e são de importância cultural e estética para as pessoas em todo o mundo. Desempenham também um papel igualmente importante na defesa contra as inundações. No entanto, o notável aumento da população levou a um consumo significativo dos recursos hídricos mundiais. Atualmente, a população em geral está consciente da natureza complexa do ecossistema global e do seu equilíbrio. A intervenção humana alterou o ambiente, resultando em impactos ilimitados. A era moderna da ciência e da tecnologia aumentou enormemente a poluição. O fumo das fábricas, os resíduos de produtos químicos utilizados para tornar o solo fértil ou para combater pragas e doenças, os gases de escape dos automóveis, as águas residuais das fábricas, os sólidos e os líquidos em suspensão poluem o ambiente - a água, o ar e o solo. Dois grupos de substâncias em particular têm um efeito duradouro no equilíbrio natural dos ecossistemas aquáticos: Os nutrientes e os produtos químicos sintéticos. Os nutrientes promovem um crescimento biológico sem restrições e os produtos químicos sintéticos persistentes e outros resíduos têm múltiplos impactos no ambiente aquático. Por conseguinte, é necessário avaliar e medir o estado atual do ambiente, a fim de superar a degradação e preservar o ambiente para o nosso futuro. A poluição dos recursos hídricos é uma questão importante, especialmente em muitos países em desenvolvimento e industrializados, uma vez que é tóxica, persistente e bioacumulativa [1]. Os componentes dissolvidos das massas de água são frequentemente determinados como o principal constituinte dos estudos limnológicos de base. $^{2+2++-2-}$Os iões como Ca , Mg , K , Cl , so_4 (resumidos como catiões e aniões totais) são essencialmente responsáveis pela salinidade iónica total das águas doces, enquanto outros iões dão apenas uma contribuição menor. O estudo dos parâmetros de qualidade da água (físicos e químicos) foi efectuado para estimar a poluição do ecossistema. Os parâmetros físico-químicos ocorrem no ambiente aquático como resultado de processos naturais e como resíduos nocivos de actividades humanas, tais como a navegação, lixiviados de aterros sanitários, águas residuais domésticas e industriais e água de escoamento de águas pluviais [2]. A qualidade das águas superficiais encontra-se em todo o mundo e é poluída tanto por processos naturais como antropogénicos [3]. Um estudo concluiu que os seres humanos são o principal fator de deterioração da qualidade das águas superficiais e subterrâneas devido à poluição atmosférica, doméstica, industrial e de resíduos agrícolas [4]. A poluição da água é responsável por um grande número de mortes e incapacidades em todo o mundo. O estado de poluição dos recursos hídricos conduziu a um declínio constante da pesca e afectou também as zonas irrigadas. A disponibilidade de água potável será o maior obstáculo ao desenvolvimento no futuro. Os seres humanos têm tentado fazer face a este cenário e têm avançado rapidamente nos seus esforços para o contrariar. Nas últimas décadas, as massas de água naturais e poluídas de todo o mundo têm sido estudadas em pormenor e estão agora disponíveis dados extensos sobre a maioria dos poluentes e os seus efeitos nos ecossistemas e organismos [5]. Foi proposto um grande número de parâmetros para indicar a qualidade das águas para diferentes utilizações.

1.2 Panorama da poluição da água

O ambiente aquático, com a sua qualidade da água, é considerado o principal fator do estado de saúde e de doença dos seres humanos e dos animais [6]. A água é um fator vital para a vida na terra e contém nutrientes valiosos que são muito importantes para a vida humana. O aumento notável da população levou a um enorme consumo das reservas mundiais de água doce. A poluição da água pelos recursos naturais é uma consequência de fenómenos geológicos. Por outro lado, pode observar-se que os seres humanos contribuem significativamente para a deterioração da qualidade das águas superficiais e subterrâneas através de águas residuais agrícolas, industriais e domésticas não tratadas [7]. Nas últimas décadas, o desenvolvimento industrial tem sido acompanhado pelo problema da eliminação de resíduos tóxicos e da libertação de metais no ambiente. De facto, a maioria dos casos de poluição ambiental até à data são de natureza antropogénica. Entre os poluentes ambientais, os metais são particularmente preocupantes devido aos seus efeitos tóxicos e à sua capacidade de bioacumulação nos ecossistemas aquáticos. Muitos investigadores em todo o mundo estão a centrar as suas investigações na poluição antropogénica de ecossistemas inteiros. Não existe uma fronteira clara entre a materialidade e a toxicidade dos parâmetros de qualidade da água, uma vez que os efeitos dependem em grande medida da concentração [8]. Para avaliar a qualidade dos sistemas aquáticos, é necessário determinar os micronutrientes e os metais presentes no meio aquático (água). Os estudos sobre os parâmetros de qualidade da água têm sido um importante foco ambiental, especialmente na última década. As fontes de poluição das águas superficiais são geralmente divididas em duas categorias, de acordo com a sua origem.

1) Fontes pontuais: A poluição da água por fontes pontuais refere-se aos poluentes que entram numa massa de água a partir de uma fonte única e identificável.

2) Fontes não pontuais: Trata-se de poluição difusa que não tem origem numa fonte única e discreta. A poluição da água por fontes difusas é frequentemente o efeito cumulativo de pequenas quantidades de poluentes provenientes de uma grande área.

1.3 Qualidade da água

A qualidade da água refere-se às propriedades químicas, físicas e biológicas da água. É uma medida do estado da água em relação às exigências de uma ou mais espécies bióticas e às necessidades e objectivos humanos. É mais comummente utilizada com referência a um conjunto de normas em função das quais se pode avaliar o seu cumprimento. A qualidade ecológica da água, também conhecida como qualidade da água, refere-se a massas de água como lagos, rios e oceanos. As normas de qualidade da água para as águas de superfície variam consideravelmente devido às diferentes condições ambientais, ecossistemas e utilizações humanas previstas. As características da qualidade da água do ambiente aquático resultam de uma variedade de interacções físicas, químicas e biológicas. A monitorização regular das massas de água utilizando os parâmetros de qualidade da água exigidos não só previne surtos de doenças como também ajuda a minimizar a ocorrência de riscos [9]. Os lagos são sistemas de água doce vitais e frágeis que são fundamentais para a sustentabilidade da vida. No entanto, o declínio da qualidade da água nestes sistemas ameaça a sua sustentabilidade. Os lagos são cursos de água de importância estratégica em todo o mundo, fornecendo recursos hídricos essenciais para fins domésticos, industriais e agrícolas. A descarga de poluentes num sistema de recursos hídricos provenientes de esgotos domésticos, descargas de águas pluviais, resíduos industriais, escoamento agrícola e outras fontes, todas elas sem tratamento, pode ter um impacto significativo na qualidade da água do sistema lacustre, tanto a curto como a longo prazo. É prática comum dos habitantes das zonas de captação do lago descarregarem os seus resíduos domésticos e excrementos humanos no lago. As substâncias tóxicas e as populações elevadas de certos microrganismos podem constituir um perigo para a saúde quando utilizadas para fins não potáveis, como a irrigação, a natação, a pesca, o rafting, a navegação e as utilizações industriais. Estas condições podem também afetar a vida selvagem que utiliza a água para beber ou como habitat. Devido à rápida urbanização, industrialização e utilização não planeada dos recursos de água doce, a qualidade dos reservatórios de água doce está sujeita a actividades antropogénicas que conduzem a uma grave degradação e eutrofização. As actividades antropogénicas afectam a biodiversidade, alterando o habitat [10-11]. Tanto a qualidade como a quantidade da água são muito importantes e devem ser regularmente avaliadas e monitorizadas para garantir a disponibilidade de água de qualidade aceitável para a utilização a que se destina. Um grande número de estudos recentes centrou-se na avaliação e monitorização da qualidade da água. A qualidade da água é significativamente afetada tanto por processos naturais como por actividades antropogénicas. Por conseguinte, a monitorização contínua da qualidade da água, especialmente em zonas de desenvolvimento urbano acelerado, é uma tarefa essencial. A qualidade das águas superficiais é geralmente determinada por análises físico-químicas e biológicas seleccionadas de amostras de água recolhidas em nome da massa de água. O rápido crescimento da população, combinado com a urbanização e o desenvolvimento económico, está a afetar os recursos hídricos de superfície e a conduzir a uma elevada variabilidade em muitos parâmetros de qualidade da água. A possível variabilidade pode ser devida a actividades antropogénicas e a flutuações naturais durante as diferentes estações do ano devido a processos bioquímicos ou químicos. A qualidade das águas superficiais de uma região é determinada por influências antropogénicas: actividades urbanas, industriais e agrícolas, bem como a utilização humana dos recursos hídricos e os processos naturais: Taxa de precipitação, meteorização e erosão do solo. As águas superficiais são as massas de água mais susceptíveis e vulneráveis à poluição, uma vez que são acessíveis para a eliminação de vários tipos de resíduos [12]. A rápida urbanização, a industrialização, a agricultura intensiva e a crescente procura de energia têm afetado negativamente os parâmetros físico-químicos das águas superficiais através da descarga de poluentes orgânicos biodegradáveis, nutrientes e bactérias. Os efluentes industriais são descarregados através da libertação de parâmetros orgânicos e inorgânicos ou do escoamento urbano e agrícola através de poluentes provenientes da drenagem de áreas que contêm fertilizantes, pesticidas agrícolas e sólidos em suspensão. A qualidade das águas superficiais varia de local para local e de estação para estação devido à sua diferente composição química, que depende fortemente da topografia, do clima e da composição mineralógica. As influências naturais mais importantes sobre as águas de superfície são a geologia, a hidrologia e o clima, uma vez que afectam de forma variável a qualidade e a quantidade de água. A sua influência é geralmente maior quando a quantidade de água disponível é baixa. A temperatura é um fator importante que afecta quase todos os equilíbrios físico-químicos e reacções biológicas e também aumenta a temperatura da água, promovendo a dissolução, a solubilidade, a degradação e a evaporação. A poluição das águas superficiais é hoje um problema grave, apesar dos esforços para a controlar. A Agência de Proteção Ambiental (EPA) estima que cerca de um terço de todas as águas superficiais do mundo não são seguras para diversas actividades: Isto significa que a água, enquanto recurso natural, exige uma gestão e conservação cuidadosas, que devem ser universalmente reconhecidas. A procura crescente de recursos hídricos exige a aplicação profissional de conhecimentos básicos para garantir a preservação da qualidade e quantidade da água [13]. A poluição das águas superficiais e o problema da qualidade da água têm merecido uma atenção crescente. Além disso, tem aumentado o interesse dos investigadores em analisar as variações da qualidade das águas superficiais, especialmente os parâmetros físico-químicos da água, utilizando ferramentas estatísticas e matemáticas.

1.4 Parâmetros de qualidade da água (parâmetros físico-químicos)

A composição das águas naturais é o resultado de um grande número de reacções químicas e de processos físico-químicos que interagem entre si. Estas reacções incluem reacções ácido-base, processos de dissolução de gases, precipitação e dissolução de fases sólidas, reacções de coordenação de iões metálicos e ligandos, reacções redox e adsorção em interfaces. Os parâmetros de qualidade da água reflectem a "qualidade" da água. A qualidade da água é determinada pelas propriedades físicas, químicas e biológicas da água. Os parâmetros de qualidade da água são característicos das massas de água. Os valores ou concentrações atribuídos a estes parâmetros podem ser utilizados para descrever o estado de poluição. A monitorização dos parâmetros de qualidade da água é uma medida importante para a gestão das massas de água, para a recuperação das massas de água poluídas e para a previsão do impacto das alterações induzidas pelo homem no ambiente. As características da qualidade da água caracterizam-se por uma grande variabilidade a nível mundial. Por conseguinte, a qualidade das fontes naturais de água utilizadas para diferentes fins deve ser determinada com base em parâmetros específicos de qualidade da água que tenham o maior impacto na utilização potencial da água. Os ecossistemas aquáticos são particularmente vulneráveis às alterações ambientais e muitos estão atualmente gravemente degradados [14]. A boa qualidade da água é uma caraterística essencial para prevenir doenças e melhorar a qualidade de vida. As propriedades físico-químicas ajudam a identificar as fontes de poluição, a efetuar investigações mais aprofundadas e a tomar as medidas necessárias para a reparação dos danos. As descargas de resíduos urbanos, industriais e agrícolas poluem as massas de água com vários produtos químicos nocivos, alterando significativamente as suas propriedades físico-químicas [15]. A monitorização da qualidade das águas superficiais através da estimativa dos parâmetros físico-químicos é um dos aspectos expostos a factores antropogénicos. A alteração dos parâmetros físico-químicos que conduz à poluição tornou-se um problema amplamente reconhecido de deterioração da qualidade da água.

1) Parâmetros físicos

As propriedades físicas da água são determinadas pelo sentido do tato, da visão, etc. Alguns

parâmetros físicos da água:

a) *Temperatura:* O parâmetro temperatura é importante devido aos seus efeitos nas reacções químicas e biológicas dos organismos na água. Um aumento da temperatura da água leva a uma aceleração das reacções químicas na água, reduz a solubilidade dos gases e aumenta o sabor e o odor. A temperatura é também muito importante para a determinação de vários outros parâmetros, como o pH, a condutividade, a saturação de gases e várias formas de alcalinidade.

b) *Cor: A* cor da água é principalmente uma questão de qualidade da água por razões estéticas. A cor das águas naturais pode ser causada por ácidos húmicos, ácidos fúlvicos, iões metálicos, matéria em suspensão, ervas daninhas e resíduos industriais, etc.

c) *Turbidez:* É uma medida da translucidez da água e é composta por matéria em suspensão e material coloidal. É importante por razões estéticas e de saúde. A turvação das águas naturais é causada por argila, lodo, matéria orgânica e outros organismos microscópicos.

d) *Total de Sólidos Dissolvidos (TDS):* O TDS compreende principalmente diferentes tipos de minerais presentes na água. O TDS não contém nenhum gás ou coloide. Nas águas naturais, os sólidos dissolvidos consistem principalmente em carbonatos, bicarbonatos, cloretos, sulfatos, fosfatos, etc.

e) *Condutividade eléctrica (CE): A condutividade* é a medida da capacidade de uma substância ou solução para conduzir eletricidade. Como a maioria dos sais na água se encontra na forma iónica, que é capaz de conduzir eletricidade, a condutividade é uma medida boa e rápida do total de sólidos dissolvidos. A condutividade depende fortemente da temperatura. Como tal, não tem qualquer significado para a saúde.

f) *Salinidade:* A salinidade é o teor de sal ou a quantidade de sal dissolvido numa massa de água. A salinidade é um fator importante na determinação de muitos aspectos da química das águas naturais e é uma variável de estado termodinâmico que determina as propriedades físicas da água. Compostos como o cloreto de sódio, o sulfato de magnésio, o nitrato de potássio e o bicarbonato de sódio contribuem para a salinidade.

2) Parâmetros químicos

As propriedades químicas da água natural reflectem os solos e as rochas com os quais a água entrou em contacto. As águas residuais agrícolas e urbanas, bem como as águas residuais industriais, também têm um impacto na qualidade da água. As transformações microbianas e químicas também influenciam as propriedades químicas da água. Alguns dos parâmetros químicos são

a) *Valor de pH:* É uma medida da intensidade da acidez ou alcalinidade e mede a concentração de iões de hidrogénio na água. Não mede a acidez ou alcalinidade total. [+-]Pelo contrário, a acidez ou alcalinidade normal depende do excesso de H ou OH . É geralmente expressa numa escala logarítmica e é igual ao log10 negativo da concentração de iões de hidrogénio.

$$pH = -log10[H]^+$$

A maioria das águas naturais são geralmente alcalinas, pois contêm carbonatos suficientes. Ocorrem alterações significativas no pH devido à eliminação de resíduos industriais, drenagem, etc. O valor do pH não tem efeitos negativos directos na saúde, mas um valor baixo, inferior a 4, resulta num sabor ácido e um valor mais elevado, superior a 8,5, resulta num sabor alcalino.

b) *Acidez:* A acidez da água é a sua capacidade de neutralizar uma base forte e deve-se normalmente à presença de ácidos minerais fortes, ácidos fracos e sais de ácidos fortes e bases fracas. A hidrólise destes sais produz ácidos fortes e hidróxidos metálicos que são difíceis de dissolver, gerando assim a acidez. A adição de águas residuais contendo substâncias formadoras de ácido também aumenta a acidez da água. No entanto, nas águas naturais, a maior parte da acidez é devida à dissolução do dióxido de carbono, que forma o ácido carbónico.

$$CO2 + H2O > H2CO3$$

A determinação da acidez é importante porque influencia várias reacções.

c) *Oxigénio dissolvido (OD):* O oxigénio dissolvido é um dos parâmetros mais importantes na avaliação da qualidade da água e reflecte os processos físicos e biológicos que prevalecem nas massas de água. A sua presença é essencial para a manutenção das formas superiores de vida biológica na água e o impacto de uma descarga de águas residuais numa massa de água é largamente determinado pelo equilíbrio de oxigénio do sistema. As águas superficiais não poluídas estão normalmente saturadas de oxigénio dissolvido. A descarga de resíduos consumidores de oxigénio pode esgotar rapidamente o oxigénio da água. As águas saturadas de oxigénio têm um sabor agradável, enquanto as águas pobres em oxigénio têm um sabor suave.

d) *Carência bioquímica de oxigénio (CBO):* A CBO é a quantidade de oxigénio consumida pelos microrganismos ao estabilizarem as substâncias orgânicas. A carência de oxigénio é proporcional à quantidade de resíduos orgânicos que necessitam de ser degradados por via aeróbia. Por conseguinte, a CBO é uma aproximação da quantidade de matéria orgânica oxidável presente na solução e o valor de CBO pode ser utilizado como uma medida da resistência dos resíduos. Os factores importantes que influenciam o valor de CBO são o tipo de microrganismos, o valor do pH, a presença de toxinas, alguns minerais reduzidos e o processo de nitrificação. O valor de CBO é geralmente um indicador qualitativo de substâncias orgânicas que são decompostas num curto período de tempo.

e) *Carência química de oxigénio (CQO):* A CQO é o oxigénio necessário para que as substâncias orgânicas presentes na água sejam oxidadas por um agente químico oxidante forte. A determinação do valor de CQO é de grande importância quando o valor de CBO não pode ser determinado com exatidão devido à presença de toxinas e outras condições desfavoráveis ao crescimento de microrganismos. O teste de CQO não indica se os resíduos são biodegradáveis ou não, nem indica a taxa a que ocorre a oxidação biológica e, por conseguinte, a taxa a que o oxigénio é necessário num sistema biológico.

f) *Nitrito:* Não existem fontes minerais deste ião nas águas naturais. O nitrito é uma forma intermédia durante as reacções de desnitrificação e nitrificação no ciclo do azoto. O nitrito é um ião muito instável e é convertido em amoníaco ou nitrato, dependendo das condições prevalecentes na água. Os nitritos também podem ser formados nos sistemas de distribuição através das actividades dos microrganismos no amoníaco.

g) *Alcalinidade: A* alcalinidade da água é a sua capacidade de neutralizar um ácido forte e caracteriza-se pela presença de todos os iões hidroxilo que se podem combinar com o ião hidrogénio. A alcalinidade das águas naturais é devida aos iões hidroxilo livres e à hidrólise dos sais formados por ácidos fracos e bases fortes. A maior parte da alcalinidade das águas naturais resulta da dissolução do CO_2 na água. Os carbonatos e bicarbonatos assim formados dissociam-se para formar iões hidroxilo.

$$CO_2 + H_2O \rightarrow H_2CO_3$$

$$H_2CO_3 \rightarrow H^+ + HCO_3^-$$

$$HCO_3^- \rightarrow H^+ + CO_3^{2-}$$

$$CO_3^{2-} + 2HOH \rightarrow H_2CO_3 + 2OH^-$$

$$HCO_3^- + HOH \rightarrow H_2CO_3 + OH^-$$

O sistema pode ser representado pela seguinte equação:

Alcalinidade total $= HCO_3 + 2CO_3 + OH - H+$

A alcalinidade é também causada pelo efeito da água sobre o calcário

$$CaCO_3 + H_2O + CO_2 \rightarrow Ca(HCO_3)_2$$

Nas águas naturais e poluídas, existem muitos outros sais de ácidos fracos, tais como silicatos, fosfatos, etc., que causam alcalinidade, para além dos carbonatos e bicarbonatos. No entanto, os carbonatos e os bicarbonatos predominam sobre os outros iões e constituem a maior parte da alcalinidade total. As águas naturalmente coloridas também contêm humatos (sais de ácidos húmicos e fúlvicos), que também contribuem para a alcalinidade da água.

h) *Dióxido de carbono livre (CO_2 livre):* O dióxido de carbono está presente na água sob a forma de gás dissolvido. As águas superficiais contêm uma quantidade menor de CO_2 livre do que as águas subterrâneas. O dióxido de carbono está presente no ar numa quantidade de 0,03 por cento por volume. Quando a chuva cai no ar, absorve algum deste gás. A água da chuva, ligeiramente ácida, absorve quantidades adicionais de dióxido de carbono à medida que flui através da vegetação em decomposição, devido à decomposição aeróbica e anaeróbica da matéria orgânica, e torna-se intimamente envolvida nos complexos equilíbrios de carbonatos.

i) *Dureza total (TH):* A dureza é a propriedade da água que impede a formação de espuma com sabão e aumenta o ponto de ebulição da água. Os catiões formadores de dureza mais importantes são o cálcio e o magnésio. No entanto, outros catiões como o ferro e o manganês também contribuem para a dureza. Os aniões responsáveis pela dureza são o bicarbonato, o carbonato, o sulfato, o cloreto, etc. A dureza temporária é quando é causada por sais de bicarbonato e carbonato dos catiões, uma vez que pode ser removida através da simples fervura da água. A dureza permanente é causada principalmente por sulfatos e cloretos.

j) $^{2+}$*Cálcio (Ca):* O cálcio é uma das substâncias mais abundantes nas águas naturais. Como está presente em grandes quantidades nas rochas, é lixiviado das mesmas e contamina a água. As quantidades nas águas naturais variam geralmente consoante o tipo de rocha. A eliminação de águas residuais e de resíduos industriais é também uma importante fonte de cálcio. Tem uma elevada afinidade para adsorção às partículas do solo; por conseguinte, os equilíbrios de troca catiónica e a presença de outros catiões afectam significativamente a sua concentração nas massas de água.

k) $^{2+}$*Magnésio (Mg):* O magnésio encontra-se em todas as águas naturais juntamente com o cálcio, mas a sua concentração é geralmente inferior à do cálcio. As fontes mais importantes nas águas naturais são vários tipos de rochas. As águas residuais e os resíduos industriais são também fontes importantes de magnésio. A concentração de magnésio depende também dos equilíbrios de troca e da presença de iões como o sódio.

l) $^{+}$*Sódio (Na):* O sódio é também um dos catiões que ocorrem naturalmente. A concentração em águas doces naturais é geralmente mais baixa do que a do cálcio e do magnésio. Nas águas naturais, a principal fonte de sódio é a meteorização das rochas.

Muitos resíduos industriais e águas residuais domésticas são ricos em sódio e aumentam a sua concentração nas águas naturais após a sua eliminação. Os sais de sódio são muito solúveis na água e, ao contrário do cálcio e do magnésio, não há reacções de precipitação que reduzam a sua concentração. A água com um elevado teor de sódio não é adequada para a agricultura, uma vez que degrada a qualidade do solo.

m) $^{2-}$*Sulfato (so₄):* É um anião que ocorre naturalmente em todos os tipos de águas naturais. A água da chuva tem uma concentração bastante elevada de sulfato, especialmente em zonas com elevados níveis de poluição atmosférica. A descarga de resíduos industriais e de esgotos domésticos nas massas de água tende a aumentar a sua concentração. A maior parte dos sais de sulfato são solúveis em água e, por isso, não se precipitam. No entanto, dependendo do potencial redox da água, podem ser convertidos em enxofre e sulfureto de hidrogénio.

n) *Cloreto (Cl):* O cloreto ocorre naturalmente em todas as massas de água. A sua concentração é bastante baixa nas águas doces naturais. A fonte mais importante de cloreto nas massas de água é a descarga de águas residuais domésticas. A concentração de cloreto serve como indicador de poluição por águas residuais.

$^{3-}$o) *Fosfatos (PO_4):* $^{3-}$O fósforo está normalmente presente nas águas doces naturais sob a forma inorgânica de PO_4. Como o fósforo é um componente importante dos sistemas biológicos, pode também estar presente na forma orgânica. As principais fontes de fósforo são as águas residuais domésticas, os agentes de limpeza, as águas residuais agrícolas com fertilizantes e as águas residuais industriais. Uma concentração elevada de fósforo é, por conseguinte, um sinal de poluição.

Conclusão

Há uma necessidade urgente de sensibilizar para os problemas ambientais prementes e de desenvolver soluções em estreita cooperação entre a ciência, os governos, a indústria e outras partes interessadas. A investigação e o desenvolvimento no domínio do tratamento da água devem ser postos em prática mais cedo possível. A poluição da água é uma séria ameaça para o ambiente e pode ser controlada ou minimizada através da descarga de águas residuais e efluentes industriais de forma adequada, podendo a água poluída ser também tratada e reutilizada para minimizar a poluição da água.

Referências

1. O.S. Fatoki e R. Awofolu, Water S. A., **2003,** 29, 375.
2. O.M. Zacheus e P.J. Martikainen, Sci. Total Environ, **1997,** 204, 1.
3. A. Szymanowska, A. Samecka-Cymerman e A.J. Kempers, Ecotox. Environ, Saftey, **1999,** 43, 21.
4. M.I. Ansari, E. Grohmann e A. Malik, J. Appl. Microbiol. **2008,** 104, 1774.
5. N.F.Y. Tam e Y.S. Wong, Environ. Pollution, **2000,** 110, 195.
6. J. Virkutyte e M. Sillanpaa, Environ. Int., **2006,** 32, 80.
7. P. Censi, S.E. Spoto, F. Saiano, M. Sprovieri, S. Mazzola e G. Nardene, Chemosphere, **2006,** 64, 1167.
8. H.Y. Zhou, R.Y.H. Cheung, K.M. Chang e M.H. Wong, Water Res., **1998,** 32, 3331.
9. A. Khalid, A.H. Malik, A. Waseem, S. Zahra e G. Murtaza, Int. J. Phys. Sci., **2011,** 6, 7480.
10. M. Akasaka, N. Takamura, H. Mitsuhashi e Y. Kadono, Fresh Water Biol. **2010,** 55, 909.
11. M. Monjerezi e C. Ngongondo, Water Qual. Exp. Saúde, **2012,** 55, 909.
12. K.P. Singh, A. Malik, D. Mohan, S. Sinha e V.K. Singh, Anal. Chim. Ata, **2005,** 532, 15.
13. O.O. Ige e P.I. Olasehinde, J. Geol. Min. Res., **2011,** 3, 147.
14. C.E. Williamson, W. Dodds, T.K. Kratz e M.A. Palmer, Front. in Ecol. and Environ., **2008,** 6, 247.
15. B. Kim, J.H. Park, G. Hwang, M.S. Jun e K. Choi, Limnology, **2001,** 2, 223.

Capítulo 2

Pesticidas como poluentes da água

Resumo

O termo "pesticida" é um termo composto que abrange todos os produtos químicos utilizados para matar ou controlar as pragas. Na agricultura, isto inclui herbicidas (ervas daninhas), insecticidas (insectos), fungicidas (fungos), nematicidas (nemátodos) e rodenticidas (venenos para vertebrados). Os pesticidas habitualmente utilizados podem ser nocivos para os seres humanos, os animais domésticos e o ambiente. Parte do problema reside na toxicidade de alguns pesticidas, mas o mais importante é o enorme volume de pesticidas utilizados todos os anos em países de todo o mundo. Grande parte acaba na água, no ar e no solo. Os estudos mostram que os pesticidas mais utilizados são provavelmente a causa da poluição da água.

Os pesticidas são substâncias puras ou misturadas de vários tipos (químicas ou biológicas) que são utilizadas pelo homem para controlar ou repelir parasitas (bactérias, nemátodos, insectos, ácaros, moluscos, aves, roedores) e outros organismos que afectam a produção alimentar ou a saúde humana. Perturbam uma parte essencial dos processos vitais da praga, a fim de a matar ou inativar. Isto inclui substâncias como atractivos para insectos, herbicidas, dessecantes e reguladores do crescimento das plantas.

2.1 História dos pesticidas

O conceito de pesticidas não é novo. Por volta de 1000 a.C., E. Homer mencionou a utilização de enxofre (para fumigar as casas) e, por volta de 900 d.C., os chineses utilizavam arsénico (para controlar as pragas dos jardins). Houve vários surtos importantes de pragas, como o míldio da batata (*Phytopthora infestans*), que destruiu a maior parte das culturas de batata na Irlanda em meados do século XIX [1]. Foi só na segunda metade desse século que foram utilizados pesticidas como o arsénico, o piretro, o enxofre de cal e o cloreto de mercúrio. Entre esta época e a Segunda Guerra Mundial, foram utilizados agentes inorgânicos e biológicos, como o verde de Paris, o arseniato de chumbo, o arseniato de cálcio, os compostos de selénio, o enxofre de cal, o piretro, o tirame, o mercúrio, o sulfato de cobre, o derris e a nicotina, mas apenas de forma limitada, e a maior parte dos métodos de controlo de pragas eram culturais, como a rotação de culturas, a lavoura e a manipulação das datas de sementeira. Após a Segunda Guerra Mundial, a utilização de pesticidas disparou e, atualmente, existem mais de 1600 pesticidas disponíveis e são utilizadas cerca de 4,4 milhões de toneladas por ano, com um custo de 20 mil milhões de dólares. Os Estados Unidos são responsáveis por mais de 25 por cento deste mercado.

2.1 Os insecticidas mais antigos

O primeiro inseticida organoclorado sintético, o DDT (diclorodifeniltricloroetano), foi descoberto em 1939 (Suíça). Era eficaz e foi utilizado para controlar os piolhos da cabeça e do corpo, os vectores de doenças humanas e as pragas agrícolas [2]. O hexacloreto de benzeno (BHC) e o clordano foram ambos descobertos durante a Segunda Guerra Mundial, seguidos mais tarde pelo toxafano. A aldrina e a dieldrina foram então introduzidas, seguidas da endrina, do endossulfão e do isobenzano. Estes insecticidas bloqueiam o sistema nervoso dos insectos, provocando disfunções, tremores e a morte. Estes organoclorados são relativamente insolúveis e acumulam-se nos tecidos de invertebrados e vertebrados através da alimentação, afectando os predadores de topo. Estas propriedades de persistência e bioacumulação foram a principal razão para a retirada da autorização e da utilização de insecticidas organoclorados nos países industrializados, entre 1973 e o final da década de 1990. No entanto, continuaram a ser utilizados nos países em desenvolvimento [3].

Organofosfatos: Os compostos desenvolvidos pela Alemanha durante a Segunda Guerra Mundial como agentes neurotóxicos acabaram por conduzir à descoberta dos organofosfatos. Foram registados vários outros organofosforados, nomeadamente o demetão, o metilschradan, o diazinão, o dissulfotão, o dimetoato, o triclorofão e o mevinfos [4]. Estas substâncias inibem a enzima colinesterase (ChE), que decompõe o neurotransmissor acetilcolina (ACh) na sinapse nervosa, bloqueando os impulsos e causando hiperatividade e paralisia tetânica do inseto e, por fim, a sua morte. A maioria destas substâncias não é persistente e não se acumula nas plantas e nos animais.

O primeiro inseticida carbamato (carbaril) também afecta a transmissão nervosa nos insectos, actuando sobre a colinesterase e bloqueando os receptores da acetilcolina [5]. Outros carbamatos incluem o aldicarbe, o metiocarbe, o metomil, o carbofurão, o bendiocarbe e o oxamil. Em geral, estes carbamatos são de toxicidade e persistência moderadas, e dificilmente se acumulam.

Os insecticidas **derivados de plantas** incluem a nicotina do tabaco, o piretro dos crisântemos, o derris da couve, a rotenona do feijão, a ryania do arbusto ryania, o limoneno da casca dos citrinos e o neem da árvore tropical neem [6]. Com exceção da nicotina, a maioria destas substâncias tem uma baixa toxicidade para os mamíferos e as aves.

2.3 Novos insecticidas

Os insecticidas piretróides sintéticos foram introduzidos na década de 1960 e incluem a tetrametrina, a resmetrina, o fenvalerato, a permetrina, a lambdacialotrina e a deltametrina [7]. Estes produtos têm uma toxicidade muito baixa para os mamíferos e um forte efeito inseticida. São insecticidas de largo espetro que podem matar alguns inimigos naturais dos parasitas. Não se acumulam e têm menos efeitos nos mamíferos, mas são muito tóxicos para os invertebrados aquáticos e os peixes.

Recentemente, foram introduzidas novas classes de insecticidas que são persistentes ou bioacumuláveis. Estas incluem mímicos de hormonas juvenis, versões sintéticas de hormonas juvenis de insectos que impedem que as fases imaturas dos insectos se transformem em adultos [8]. As toxinas *de Bacillus thuringiensis* são proteínas produzidas por uma bactéria que é patogénica para os insectos ao destruir a permeabilidade selectiva da parede intestinal.

1) Nematicidas

Os nematocidas do solo, como o diclopropeno, o isocianato de metilo, a cloropicrina e o brometo de metilo, são fumigantes do solo de largo espetro [9] . Outros, como o aldicarbe, o dazomet e o metame-sódio, actuam principalmente por contacto. Têm uma elevada toxicidade para os mamíferos e podem matar uma vasta gama de organismos.

2) Moluscicidas

Dois moluscicidas, o metaldeído e o metiocarbe, são utilizados como iscos contra caracóis e lesmas. Embora sejam altamente tóxicos para os mamíferos, causam poucos problemas para além da morte ocasional de mamíferos selvagens. Alguns moluscicidas utilizados para controlar os caracóis aquáticos, como a N-tritylmorpholine, o sulfato de cobre, a niclosamina e o pentaclorofenato de sódio, demonstraram ser tóxicos para os peixes [10].

3) Herbicidas

Os herbicidas do tipo hormonal, como o 2,4,5-T, o 2,4-D e o MCPA, foram descobertos na década de 1940. Não permanecem no solo, têm uma toxicidade específica para as plantas, mas são relativamente solúveis e entram nos cursos de água e nas águas subterrâneas. Os herbicidas de contacto que matam as ervas daninhas por aplicação foliar incluem os dintrofenóis, os cianofenóis, o pentaclorofenol e o paraquato [11]. A maioria destes agentes não é persistente, mas as triazinas podem permanecer no solo durante vários anos. Os herbicidas causam poucos problemas ambientais directos, ou seja, deixam o solo livre de vegetação e são, portanto, susceptíveis de erosão.

4) Fungicidas

São utilizados muitos tipos diferentes de fungicidas com estruturas químicas muito diferentes. A maioria tem uma toxicidade relativamente baixa para os mamíferos e, com exceção dos carbamatos como o benomil, um espetro de toxicidade relativamente estreito para os organismos do solo e aquáticos [12]. Devido à sua toxicidade para os microrganismos do solo, têm um impacto considerável no ambiente.

2.4 Efeitos no ambiente terrestre

Os pesticidas são concebidos para serem tóxicos para um grupo específico de organismos. Podem ter uma vasta gama de efeitos no ambiente, que são frequentemente extremamente subtis e complexos. Tanto o espetro específico como o espetro alargado podem afetar a vida selvagem, os solos, os sistemas hídricos e os seres humanos.

Os pesticidas já afectaram negativamente as aves de níveis tróficos mais elevados das cadeias alimentares, como as águias-carecas, os falcões e as corujas, que são frequentemente susceptíveis a resíduos de pesticidas devido à bioconcentração dos insecticidas organoclorados através das cadeias alimentares terrestres. As populações têm várias aves insectívoras, como as perdizes, os galos silvestres e os faisões, diminuíram porque perderam a sua dieta de insectos nas terras agrícolas devido à utilização de insecticidas.

As abelhas, que são extremamente importantes para a polinização das culturas e das plantas selvagens, são mortas pelos pesticidas, o que leva a uma redução do rendimento das culturas que dependem da polinização das abelhas.

A literatura sobre o controlo de pragas fornece muitos exemplos de novas espécies de pragas que evoluíram quando os seus inimigos naturais foram mortos pelos pesticidas [13]. O impacto dos pesticidas na biodiversidade de plantas e animais nas paisagens agrícolas é, por conseguinte (direta ou indiretamente), um dos maiores impactos ambientais negativos dos pesticidas.

2.5 Produção e utilização de pesticidas na Índia

A Índia é o segundo maior produtor de pesticidas na Ásia, a seguir à China, e ocupa o décimo segundo lugar no mundo, embora a produção de pesticidas tenha começado logo em 1952 com o estabelecimento de uma fábrica de produção de BHC [14]. A produção de pesticidas técnicos na Índia aumentou de 5 000 toneladas em 1958 para 102 240 toneladas em 1998. No período de 1996-97, a procura de pesticidas foi estimada em cerca de 22 mil milhões de rúpias (0,5 mil milhões de dólares), o que representava cerca de 2% do total do mercado mundial.

O padrão de utilização de pesticidas na Índia difere do padrão mundial. Na Índia, os insecticidas representam 76% da utilização de pesticidas, em comparação com 44% a nível mundial. A cultura do algodão (45%), o arroz e o trigo são as principais causas da utilização de pesticidas na Índia.

2.6 Factores que influenciam a poluição da água por pesticidas

Os seguintes factores têm um impacto significativo na poluição da água por pesticidas.

1) Drenagem

As terras agrícolas são frequentemente bem drenadas e o sistema de drenagem natural é muitas vezes complementado pela drenagem do solo. Não é possível reter a água da chuva e a água de irrigação na estrutura do solo, o que leva a que os pesticidas entrem nos lençóis freáticos e nas reservas de água doce.

2) O pesticida

Cada pesticida tem propriedades únicas e muitos factores variáveis determinam o risco específico de poluição da água

    a) Ingrediente ativo na formulação do pesticida.

    b) Contaminantes presentes como impurezas na substância ativa.

c) Aditivos que são misturados com o ingrediente ativo (agentes molhantes, diluentes ou solventes, extensores, adesivos, tampões, conservantes e emulsionantes).

d) Produto de degradação formado durante a degradação química, microbiana ou fotoquímica da substância ativa.

e) *Meia-vida do pesticida:* Quanto mais estável é um pesticida, mais tempo demora a degradar-se. Isto pode ser medido através do tempo de meia-vida: Quanto mais tempo demorar a degradar-se, maior será a sua duração.

f) *Mobilidade no solo:* Todos os pesticidas têm propriedades de mobilidade únicas, tanto vertical como horizontalmente, através da estrutura do solo. Os herbicidas residuais aplicados diretamente no solo são concebidos para se ligarem à estrutura do solo.

g) *Solubilidade na água:* Muitos pesticidas são necessariamente solúveis na água para poderem ser aplicados com água e absorvidos pelo organismo-alvo. A maior solubilidade conduz a um maior risco de lixiviação de pesticidas.

3) Atividade microbiana

A atividade microbiana é a principal causa da degradação dos pesticidas. A atividade está diretamente relacionada com o processo de degradação.

4) Temperatura do pavimento

A atividade microbiana no solo e a degradação dos pesticidas dependem em grande medida da temperatura do solo.

5) Superfície do tratamento

Os resíduos de herbicidas (pesticidas) aplicados em superfícies duras, como o betão ou o asfalto, não são absorvidos e podem entrar nos cursos de água e nas zonas não visadas através da água da chuva. Estas consequências podem ser minimizadas se os pesticidas forem aplicados apenas no solo.

6) Quantidade produzida

Quanto mais um pesticida é aplicado, mais tempo permanecem as suas concentrações significativas. A precipitação é outro fator importante para o transporte de pesticidas para as massas de água. A transferência para as massas de água ocorre diretamente através do escoamento das pragas e das áreas-alvo para o sistema de esgotos após a chuva.

2.7 Controlo dos pesticidas nas águas de superfície

Os dados de controlo dos pesticidas são geralmente inadequados na maior parte do mundo, sobretudo nos países em desenvolvimento. Os pesticidas mais importantes estão incluídos nos planos de controlo da maioria dos países industrializados. A maioria dos países em desenvolvimento tem dificuldades em efetuar análises químicas devido a instalações inadequadas, reagentes impuros e restrições financeiras. No entanto, as novas técnicas que utilizam métodos de imunoensaio para detetar pesticidas específicos podem reduzir os custos e aumentar a fiabilidade. Outro problema é que os limites de deteção analítica para a monitorização de rotina de certos pesticidas podem ser demasiado elevados para determinar a sua presença ou ausência de modo a proteger a saúde humana [15]. Por conseguinte, os níveis não detectáveis (ND) não são de modo algum prova de que a substância química não está presente em concentrações que possam ser prejudiciais. Além disso, os limites de deteção são apenas um dos muitos problemas analíticos que os químicos ambientais enfrentam quando analisam poluentes orgânicos. A monitorização dos pesticidas exige programas de campo e de laboratório altamente flexíveis, capazes de responder a períodos de aplicação de pesticidas, de recolher amostras no meio mais adequado (água, sedimentos, biota) e de aplicar limites de deteção verdadeiramente críticos para a saúde humana e o ecossistema [16]. No caso dos pesticidas altamente solúveis em água, a monitorização deve estar estreitamente ligada aos períodos de aplicação dos pesticidas.

2.8 Os efeitos dos pesticidas no ser humano

Os efeitos dos pesticidas na saúde dependem do tipo de pesticida. Alguns (organofosforados e carbamatos) afectam o sistema nervoso, outros podem irritar a pele ou os olhos, alguns pesticidas podem ser cancerígenos e outros ainda podem afetar o sistema hormonal ou endócrino do corpo.

Há muito que as autoridades reguladoras concordam com a presença e os efeitos dos pesticidas nas fontes de água potável. No entanto, cientistas e reguladores enfrentam o problema de determinar quais pesticidas são potencialmente nocivos [17]. Embora a USEPA (USEPA, 1986, 2000b) e outras agências (ATSDR, 2004b) tenham fornecido orientações e procedimentos pormenorizados para avaliar os efeitos potenciais da exposição a misturas químicas, a sua aplicação é difícil devido à natureza complexa das misturas encontradas no ambiente e à insuficiência de dados sobre a toxicidade das misturas. A maior parte dos ensaios toxicológicos são efectuados em produtos químicos individuais - normalmente a níveis de exposição elevados - enquanto a maior parte das exposições humanas e ambientais a misturas químicas ocorrem em doses relativamente baixas.

Os seres humanos estão expostos a misturas de pesticidas/produtos de degradação que se encontram nos cursos de água e nas águas subterrâneas quando utilizados como fonte de água potável. Os organismos aquáticos estão expostos às misturas que ocorrem nos cursos de água. As misturas de pesticidas podem ter origem em fontes comuns (por exemplo, fontes pontuais) ou em várias fontes não pontuais com componentes diferentes.

A avaliação e a gestão dos riscos potenciais para os seres humanos decorrentes destas misturas de pesticidas são conduzidas principalmente a nível federal pela USEPA e pela Agency for Toxic Substances and Disease Registry (ATSDR), bem como por várias outras agências de controlo. A USEPA também investiga a exposição regional a partir de agregados familiares e fontes de água potável, uma vez que a exposição potencial varia muito em todo o país.

A USEPA constatou que, dentro das diferentes classes químicas (organofosforados, N-metilcarbamatos, triazinas e cloroacetanilidas), vários compostos específicos de pesticidas partilham um mecanismo comum de toxicidade [18]. Os efeitos potenciais das misturas químicas na vida aquática não têm recebido tanta atenção como a saúde humana, embora o Gabinete de Investigação e Desenvolvimento da USEPA, Centro Nacional de Avaliação Ambiental, tenha produzido directrizes de avaliação dos riscos ecológicos que apoiam a abordagem de avaliação dos riscos cumulativos.

A exposição pré-natal a substâncias químicas nocivas comporta vários riscos/perigos para a saúde. Os compostos ácido 2,4-diclorofenoxiacético (2,4-D), atrazina e dicamba foram testados quanto à sua capacidade de danificar embriões de ratos num período correspondente aos primeiros cinco a sete dias após a conceção humana. Foi relatado que estas substâncias causam um aumento da morte celular nos embriões.

A atrazina, o clorpirifos e o turbufos reduziram a probabilidade de um embrião atingir a fase seguinte de desenvolvimento, o blastocisto. As experiências utilizaram concentrações a que uma pessoa comum poderia estar exposta quando aplica produtos químicos ou ingere água subterrânea contaminada. A atrazina, em particular, poderia ter contaminado até 3.600 sistemas de água potável nos EUA, principalmente no Centro-Oeste. Concluiu-se que os danos causados pelos pesticidas podem ocorrer numa fase muito precoce do desenvolvimento embrionário e em concentrações de pesticidas que não se pensa terem efeitos adversos na saúde humana [19].

2.9 Efeitos directos nos seres humanos

Os aspectos positivos dos pesticidas incluem um maior potencial económico sob a forma de aumento da produção de alimentos e fibras e a contenção de doenças transmitidas por vectores, enquanto os seus aspectos negativos são os potenciais riscos para a saúde. Está provado, sem margem para dúvidas, que estes produtos químicos representam uma ameaça para os seres humanos e outras formas de vida [20]. Registam-se anualmente cerca de um milhão de mortes devido a envenenamento por pesticidas.

Os trabalhadores, os formuladores, os pulverizadores, os misturadores, os carregadores e os empregados agrícolas são as principais pessoas afectadas pelos pesticidas. Os processos de fabrico e de formulação são perigosos, uma vez que os processos envolvidos não estão isentos de riscos. Os trabalhadores das unidades industriais estão expostos a um risco acrescido, uma vez que manuseiam vários produtos químicos tóxicos, matérias-primas, solventes tóxicos e transportadores inertes para a produção de pesticidas [21].

Os organoclorados poluem quase todas as formas de vida na Terra, o ar, os lagos e os oceanos, os peixes que neles vivem e as aves que se alimentam dos peixes. A Academia Nacional de Ciências dos Estados Unidos referiu que o metabolito do DDT, o DDE, provoca o enfraquecimento da casca dos ovos e que a população de águias-carecas diminuiu principalmente devido à exposição ao

DDT e aos seus metabolitos. Sabe-se que certos produtos químicos ambientais, incluindo os pesticidas, conhecidos como desreguladores endócrinos, causam os seus efeitos nocivos imitando ou antagonizando as hormonas naturais do organismo, e tem-se postulado que a sua exposição a longo prazo e a baixas doses está cada vez mais associada a efeitos na saúde humana, como a imunossupressão, a desregulação hormonal, a redução da inteligência, as perturbações reprodutivas e o cancro.

No desastre de Seveso, em 1976, em Itália, durante a produção do herbicida 2,4,5 T, a cloracne foi o único efeito da formação de dioxinas que foi identificado com certeza. Estudos de saúde anteriores, que investigaram, entre outros aspectos, a função hepática, a função imunitária, o comprometimento neurológico e os efeitos na reprodução, não produziram resultados conclusivos [22]. No entanto, os resultados não podem ser considerados conclusivos devido a várias limitações: poucos dados de exposição individual, curto período de latência e pequena dimensão da população para certos tipos de cancro. Num estudo semelhante de 2001, não se verificou qualquer aumento da mortalidade por todas as causas e da mortalidade por cancro. No entanto, os resultados apoiam o pressuposto de que a dioxina é carcinogénica para os seres humanos e confirmam a hipótese de que está associada a efeitos cardiovasculares e endocrinológicos. A pulverização de quase 19 milhões de litros de herbicida pelas forças armadas em cerca de 3,6 milhões de hectares de terras vietnamitas e laocianas desflorestou, destruiu culturas e limpou a vegetação em torno das bases americanas [23]. Esta operação, conhecida como Operação Mão de Rancho, durou de 1962 a 1971, tendo sido utilizadas várias formulações de herbicidas, mas a maioria era constituída por misturas dos herbicidas fenoxilados ácido 2,4-D-diclorofenoxiacético (2,4-D) e ácido 2,4,5-triclorofenoxiacético (2,4,5-T).

Todos os pesticidas são tóxicos até certo ponto, mas a sua toxicidade para os seres humanos e outros animais varia. Os organofosforados, incluindo o diazinão e o clorpirifos, são insecticidas que contêm fósforo e que actuam como neurotoxinas, inibindo enzimas-chave no sistema nervoso dos animais. Os piretróides são outra classe de insecticidas que não são tão tóxicos para os seres humanos e outros mamíferos, mas são muito tóxicos para os peixes e invertebrados. Tanto os organofosforados como os piretróides representam uma séria ameaça para os invertebrados aquáticos nas águas da Califórnia.

2.10 Efeitos no ambiente

Os pesticidas contaminam o solo, a água e a vegetação. Embora sejam utilizados principalmente para controlar insectos e ervas daninhas, são nocivos para várias espécies de aves, peixes e mesmo para espécies não visadas. Embora todos os tipos de pesticidas sejam nocivos, os insecticidas são os mais tóxicos.

2.11 Novas ameaças à qualidade da água

Estão a ser feitos grandes esforços para substituir as substâncias tóxicas proibidas, mas esses esforços não estão a dar frutos reais. Onde pouco se conseguiu, parece tratar-se da substituição de uma substância química tóxica e nociva por outra. Os novos pesticidas que foram reformulados utilizam os seguintes produtos químicos como principais ingredientes activos:

1) Piretróides

Muitos produtos à base de diazinão e clorpirifos foram substituídos por formulações que contêm piretróides. Consequentemente, a utilização de piretróides sintéticos em produtos pesticidas quase triplicou nos últimos anos. Os piretróides são utilizados numa vasta gama de produtos. Trata-se de substâncias químicas de longa duração, de origem sintética, com um amplo espetro de atividade. São nocivos mesmo para os microrganismos/insectos benéficos, embora tenham sido concebidos para matar uma vasta gama de parasitas. Em certos casos, verificou-se que são mais nocivos para os organismos benéficos do que para os parasitas visados. Os produtos que contêm piretróides têm nomes de ingredientes que geralmente terminam em **"-trina"**, incluindo: **Permetrina, bifentrina, ciflutrina** (incluindo **betaciflutrina**), **cipermetrina, deltametrina, lambda-cialotrina** e **tralometrina** (uma exceção é o esfenvalerato).

2) Malatião e carbaril (Sevin)

Embora estes pesticidas estejam disponíveis há muitos anos, a sua utilização aumentou com a interrupção da produção de diazinão. São transportados para as massas de água pela chuva e pelas águas de escoamento dos relvados e das propriedades.

2.12 Contaminação das águas de superfície

Os pesticidas podem entrar nas águas de superfície através do escoamento de plantas e solos tratados. A contaminação da água com pesticidas é generalizada. Os resultados de uma série exaustiva de estudos efectuados pelo U.S. Geological Survey (USGS) no início e em meados da década de 1990 nas principais bacias hidrográficas do país produziram resultados alarmantes. Um ou mais pesticidas estavam presentes em cerca de 90% das amostras. As observações mostraram também que as concentrações de insecticidas estavam geralmente acima dos níveis máximos considerados seguros para a vida aquática. Foram detectados 23 pesticidas nas águas da bacia de Puget Sound, incluindo 17 herbicidas [24]. De acordo com o USGS, foram detectados mais pesticidas em cursos de água urbanos do que em cursos de água agrícolas. Os herbicidas 2,4-D, diuron e prometon, bem como os insecticidas clorpirifos e diazinon, todos eles habitualmente utilizados pelos proprietários urbanos e pelos distritos escolares, encontravam-se entre os 21 pesticidas mais frequentemente detectados nas águas superficiais e subterrâneas de todo o país. A trifluralina e o 2,4-D foram encontrados em amostras de água recolhidas em 19 das 20 bacias hidrográficas amostradas. O USGS constatou também que as concentrações de insecticidas nos cursos de água urbanos excedem frequentemente as directrizes de proteção da vida aquática. De acordo com o USGS, "foram geralmente detectados mais pesticidas nos cursos de água urbanos do que nos cursos de água agrícolas. O herbicida 2,4-D foi o pesticida mais frequentemente encontrado e foi detectado em 12 de 13 cursos de água [25]. O inseticida diazinon e os herbicidas diclobenil, diuron, triclopyr e glifosato foram também detectados nos cursos de água da bacia de Puget Sound. Tanto o diazinão como o diurão foram encontrados em concentrações superiores aos níveis recomendados pela Academia Nacional de Ciências para a proteção da vida aquática.

2.13 Contaminação das águas subterrâneas

A poluição das águas subterrâneas por pesticidas é um problema mundial. O estudo do USGS revelou a presença de mais de uma centena de pesticidas diferentes nas águas subterrâneas [26]. Nas últimas duas décadas, foram detectados pesticidas nas águas subterrâneas de mais de 43 países. Num estudo realizado na Índia, 58% das amostras de água potável recolhidas em várias bombas manuais e poços na zona de Bhopal estavam contaminadas com pesticidas organoclorados acima das normas da EPA. Uma vez que as águas subterrâneas estejam contaminadas com produtos químicos tóxicos, podem ser necessários muitos anos para que a contaminação se dissipe ou seja eliminada. A remediação pode também ser muito dispendiosa e complexa, se não impossível.

2.14 Como podemos controlar os parasitas e proteger a saúde das pessoas, dos animais de estimação e do nosso ambiente?

1) Siga as sugestões de controlo e prevenção de pragas menos tóxicas.
2) Tente manter o seu jardim saudável e a sua casa livre de pragas sem recorrer a pesticidas químicos. Quando utilizar pesticidas, lembre-se que estes tratam o *sintoma* e não a *causa* dos problemas das pragas.
3) Barreiras físicas (grelhas de janelas e vedantes para proteção contra pragas).
4) Controlo biológico (introdução de insectos benéficos).
5) As medidas culturais (uma casa limpa e um jardim saudável que atraia insectos benéficos) são sempre preferíveis aos pesticidas químicos. Contudo, nas situações em que é necessário um pesticida, os melhores produtos para o ambiente são *menos tóxicos, menos persistentes e mais susceptíveis de visar as pragas do que os insectos e plantas benéficos*.
6) Evitar usar roupa repelente de insectos. A EPA descobriu recentemente que a utilização de vestuário tratado com permetrina (um piretróide sintético) mais do que uma vez por ano pode aumentar o risco de cancro. Utilize os produtos recomendados de acordo com as instruções do rótulo e deite fora os pesticidas indesejados ou os restos de pesticidas numa instalação de resíduos perigosos.

Centro de recolha ou evento.

7) Os pesticidas devem ser utilizados de acordo com as instruções prescritas e tudo o que tiver de ser eliminado deve ser eliminado de forma adequada num centro de recolha de resíduos perigosos.

2.15 Visão geral da avaliação de riscos no âmbito do programa de pesticidas

O processo que a EPA utiliza para avaliar os potenciais efeitos de um pesticida na saúde e no ambiente é designado por avaliação de riscos. Esta página apresenta uma breve introdução ao programa de avaliação dos riscos do Programa Pesticidas e contém ligações para mais informações.

A avaliação dos riscos é um fator crucial no processo de tomada de decisões sobre pesticidas novos e existentes:

1) Os novos pesticidas devem ser avaliados antes de poderem ser colocados no mercado.

2) Os pesticidas existentes devem ser reavaliados a intervalos regulares para garantir que continuam a cumprir as normas de segurança pertinentes.

2.16 Avaliação dos riscos ecológicos

A EPA tem acesso aos riscos associados à utilização de pesticidas ou às alterações que devem ser efectuadas. Muitas espécies de plantas e animais selvagens encontram-se perto ou nas cidades, em terrenos agrícolas e em zonas de recreio. Antes de um produto pesticida poder ser colocado no mercado, é importante garantir que não apresenta riscos excessivos para as plantas, a fauna e o ambiente. Para tal, analisamos os dados apresentados em apoio do registo no que diz respeito ao risco potencial que um pesticida representa para as plantas, os peixes e a vida selvagem não visados.

Planeamento - Processo de planeamento e delimitação do âmbito

A Agência Federal do Ambiente analisa o risco para a ecologia através do planeamento e da investigação.

Fase 1 - Formulação do problema

A informação é recolhida para determinar que plantas e animais estão em perigo e precisam de ser protegidos.

Fase 2 - Análise

Isto implica determinar a exposição e o grau de exposição das plantas e dos animais e se a exposição é prejudicial ou não.

Fase 3 - Caracterização dos riscos

Inclui dois processos importantes: a avaliação e a caraterização dos riscos. O primeiro inclui os resultados e os efeitos da exposição, enquanto o segundo interpreta os resultados e sugere níveis de exposição nocivos.

2.17 Avaliação dos riscos para a saúde humana

Uma avaliação dos riscos para a saúde humana é um processo para estimar a natureza e a probabilidade de efeitos adversos para a saúde dos seres humanos expostos a substâncias químicas em meios ambientais contaminados, atualmente ou no futuro. A avaliação de riscos aborda as seguintes questões importantes.

1) Que tipos de problemas de saúde são causados pelos pesticidas no ambiente?

2) Qual é a probabilidade de as pessoas desenvolverem problemas se forem expostas a diferentes quantidades de pesticidas?

3) Definição de limites seguros de utilização?

4) A que pesticidas é que as pessoas estão expostas e durante quanto tempo?

5) Os limites legais para os resíduos de pesticidas nos alimentos (tolerâncias ou limites máximos de resíduos) protegem a saúde humana?

6) A suscetibilidade está relacionada com a idade, o sexo, a genética, etc.?

A EPA utiliza o processo de quatro etapas do Conselho Nacional de Investigação nas suas avaliações de risco para a saúde humana:

Etapa 1 - Identificação dos perigos

Identificação da ameaça/risco potencial devido a substâncias.

Etapa 2 - Avaliação da taxa de dose

Analisa a relação numérica entre a exposição e os efeitos.

Etapa 3 - Avaliação da exposição

Investiga o que se sabe sobre a frequência, o momento e a extensão da exposição a uma substância.

Etapa 4 - Caracterização dos riscos

A comparação de dados com conclusões sobre a natureza e a extensão do risco da exposição a pesticidas.

Conclusão

A avaliação regulamentar dos riscos das substâncias activas dos pesticidas e dos produtos fitofarmacêuticos efectuada na Europa garante um elevado nível de proteção dos seres humanos e do ambiente. Isto deve-se principalmente ao facto de as práticas actuais se basearem em experiências e/ou ferramentas de modelização provenientes do meio académico. A avaliação dos riscos dos pesticidas está, portanto, em constante aperfeiçoamento e beneficia constantemente do contributo do meio académico. Embora os condicionalismos, objectivos e calendários académicos e regulamentares não sejam notoriamente idênticos, ficou demonstrado nos últimos anos que a cooperação entre eles é frutuosa para ambas as partes e beneficia a proteção dos seres humanos e do ambiente. É provável que a modelização continue a desempenhar um papel importante na exposição aos pesticidas, à medida que forem desenvolvidos novos modelos capazes de representar processos cada vez mais relevantes. Estes modelos poderão também ser utilizados para conceber as medidas ou combinações de medidas mais eficazes a aplicar. É igualmente necessário desenvolver e utilizar modelos ecotoxicológicos para a avaliação dos riscos. A análise das actuais práticas de avaliação e gestão dos riscos mostra que a modelização ecológica é necessária para as etapas futuras. Tanto a modelação ecológica como a modelação da exposição aos pesticidas têm de ser efectuadas a nível da paisagem e representam um grande desafio para o futuro.

Referências

1 . K.B.G. Scholthof, Perspectivas, **2017**, 5, 12.

2 . A.K. Srivastava e C. Kesavachandran, Health effects of pesticides, **2016,** TERI Press, Nova Deli.

3 . V. Andreu, C. Blasco e Y. Pico, Organoclorados e organofosforados por HPLC, In: Análise de alimentos por HPLC, 3ª ed, L.M.L. Nollet, F. Toldra. M. Sarwar, Chemistry Research Journal, **2016,** 1, 7.

4 . M.B. Colovic, D.Z. Krstic, T.D. L. Pasti, A.M. Bondzic e V.M. Vasic, Current Neuropharmacol, **2013,** 11, 315.

5 . S. Guleria e A.K. Tiku, Botanicals in pest management: Current status and future perspectives, In: Integrated Pest Management: Innovation Development Process, Vol.1, Eds, R. Peshin, A.K. Dhawan.

6 . H. Kaneko, Pyrethroid Chemistry and Metabolism, em Hayes handbook of Pesticide Toxicology (Terceira Edição), **2010**.

7 . [th]G.W. Ware e D.M. Whitacre, An Introduction to Insecticides (4 edição). C.A. Edwards, The Impact of Pesticides on Environment, In: The Pesticide Question: Environment, Economics and Ethics, Eds. D. Pimentel, H. Lehman.

8 C.H. King, L.J. Sutherland e D. Bertsh, Plos Negl Trop Dis, **2015,** doi: 10.1371/journal.pntd.0004290.

9 J.A. Ferrell, G.E. MacDonald e R. Leon, Weed Management in Peanuts, **1993,** SS-AGR-03, Departamento de Agronomia, UF/IFAS Extension.

10 G.L. Tadesse e T. Kasa, Avanços em Ciência e Tecnologia da Vida, **2017,** 55 ISSN 2224-7181.

11 J.S. Bale, J.C.V. Lenteren e F. Bigler, Philos Trans R Soc Lond B Biol Sci, **2008,** 363, 761.

12 M.W. Aktar, D. Sengupta e A. Chowdhury, interdiscip Toxicol, **2009,** 2, 1.

13 A.C. Damalas e I. Eleftherohorinos, Int. J. Environ. Res. Public Health, **2011,** 8, 1402.

14 D. Muir e E. Sverko, Anal. Bioanal. Chem, **2006,** 386,769.

15 K.A. Heysab, R.F. Shoreb, M.G. Pereirab, K.C. Jonesa e F.L. Martin, RSC Adv, **2016,**6, 47844.

16 K. Sexton, Int. J. Environ. Res. Public Health, **2012,** 9, 370.

17 A.R.I. Greenlee, T.M. Ellis e R.L. Berg, Environ. Health Perspect, **2004,** 112, 703.

18 T. Bhardwaj e J.P. Sharma, Int. J. Agri. Food Sci. Tech, **2013,** 4 817.

19 D. Dey, Int. J. Plant Protection, **2016,** 9, 264.

20 P.A.I. Bertazzi, I. Bernucci, G. Brambilla, D. Consonni e A.C. Pesatori,

Environ. Health Perspect, **1998**, 106, 625.

21 H. Frumkin, A cancer journal of clinicians, DOI: 10.3322/canjclin.53.4.245.

22 J.C. Ebbert, S.S. Embrey, R.W. Black, A.J. Tesoriero, e A.L. Haggland, Water Quality in the Puget Sound Basin, Washington and British Columbia, **(1996-98)**, U.S. Geological Survey.

23 Pesticides in the Nation's Streams and Ground Water, 1992-2001-A Summary by U.S. Geological Survey, **2006**.

24 Pesticides in Ground Water, Current Understanding of Distribution and Major Influences, U.S. Department of the Interior U.S. Geological Survey.

Capítulo 3

Poluição da água e técnicas para a sua eliminação

Resumo

A água é um elemento importante para a existência da vida. Cobre quase 70 % da superfície da Terra. No entanto, apenas 1% da água disponível é adequada para consumo humano, enquanto o resto está encerrado em glaciares, oceanos, etc. A poluição das fontes de água por águas residuais provenientes de fábricas, processos industriais, agricultura e resíduos de aterros sanitários torna essas fontes inseguras para utilização. Por conseguinte, há uma necessidade urgente de purificar as águas residuais para preservar as fontes de água existentes e evitar a sua utilização excessiva através da utilização das águas residuais tratadas.

3.1 Introdução

A água é o recurso natural mais importante do mundo. Com cerca de 70% da superfície da Terra constituída por água, é inegavelmente um dos nossos recursos mais importantes. É um elemento essencial para a manutenção de todas as formas de vida. É um elemento importante tanto para fins domésticos como industriais. No entanto, um olhar mais atento sobre os nossos recursos hídricos actuais dá-nos um duro choque. Sem água, a vida não pode existir e a maioria das indústrias não poderia funcionar. Nada é tão refrescante como um copo de água. Num dia quente de verão, um copo de água gelada sabe mesmo bem. Num dia frio de inverno, uma boa chávena de chá quente afasta o frio. A poluição com resíduos, desde sacos de plástico flutuantes a resíduos químicos, transformou as nossas águas numa lagoa tóxica. Poluição da água significa simplesmente poluição da água. A poluição de lagos, lagoas, oceanos, rios, reservatórios, etc. é poluição da água. Poluição da água. A poluição da água ocorre quando substâncias que alteram negativamente a água são descarregadas na água. Esta descarga de poluentes pode ocorrer tanto direta como indiretamente.

A água está facilmente disponível para beber, limpar, lavar e outros fins, e pensamos que utilizamos sempre água limpa; no entanto, a água disponível para utilização diária nem sempre é limpa. As massas de água, como rios, lagoas, lagos, mares e águas subterrâneas, podem facilmente ficar poluídas se forem contaminadas por derrames de produtos químicos, escoamento agrícola, fugas de esgotos, etc.

Se a água estiver contaminada, deixa de ser adequada para consumo humano porque contém substâncias perigosas ou tóxicas e bactérias e organismos causadores de doenças.

A poluição pode ser causada por fontes naturais ou por actividades humanas, mas, independentemente da causa, o resultado é o mesmo. A água poluída tem efeitos prejudiciais para o ecossistema aquático, para a saúde humana e também para aqueles que dependem das fontes de água. Determinar a poluição não é uma tarefa fácil, uma vez que a poluição na água nem sempre é visível. Por esta razão, os cientistas utilizam uma variedade de técnicas e testes para medir os níveis de poluentes e a qualidade da água.

Quando se pensa na poluição da água, a questão principal é a quantidade, ou seja, quantos poluentes são libertados numa massa de água e o volume de água em que são descarregados. Se uma pequena quantidade de poluentes for libertada para um volume de água maior, como o oceano, o impacto na qualidade da água é muito reduzido. No entanto, se a mesma quantidade de poluentes for descarregada num pequeno sistema hídrico, como uma lagoa, um lago ou um rio, pode ter efeitos muito prejudiciais para a saúde humana, o ecossistema aquático e o ambiente. Fontes de água seguras e não contaminadas são, por conseguinte, essenciais para a construção de uma comunidade estável. A água, enquanto recurso natural, exige uma gestão e conservação cuidadosas.

3.2 Causas da poluição da água

Existem várias razões para a poluição da água. Eis algumas das principais causas da poluição da água:

1) Águas residuais e esgotos

As águas residuais de todas as casas, terrenos agrícolas e fábricas são descarregadas em lagos e rios, onde são quimicamente purificadas e descarregadas no mar com água doce. As águas residuais contêm bactérias e substâncias químicas nocivas que podem causar graves problemas de saúde. Estes resíduos e efluentes contêm agentes patogénicos que estão entre os poluentes mais comuns da água e causam várias doenças. Os microrganismos presentes nas águas residuais causam doenças mortais e constituem um terreno fértil para outros agentes patogénicos. Quando as pessoas entram em contacto com estes agentes patogénicos, ficam infectadas e adoecem. Um exemplo muito conhecido é a malária.

2) Dumping marinho

O mar está a tornar-se um depósito de lixo em muitos países. A indústria, a agricultura e os agregados familiares produzem grandes quantidades de resíduos sob a forma de vidro, papel, plástico, alumínio, borracha e alimentos. Estes são recolhidos e despejados no mar, nos rios e nos lagos. Alguns destes resíduos decompõem-se muito rapidamente, outros demoram duzentos anos ou mais a decompor-se. Se estes produtos acabarem nas massas de água, não só provocam a poluição da água, como também prejudicam a vida aquática e a vida humana.

3) Resíduos industriais

A indústria produz produtos químicos tóxicos e grandes quantidades de resíduos, que são descarregados nas massas de água, que são as principais fontes de poluição da água. Estes produtos químicos e resíduos não só causam a poluição da água como também prejudicam o nosso belo ambiente e todos nós. Chumbo, enxofre, mercúrio, cádmio, nitratos e muitas outras substâncias orgânicas e inorgânicas nocivas estão presentes nestes resíduos industriais. Muitas indústrias descarregam estes resíduos nas massas de água por não disporem de sistemas de gestão de resíduos adequados. A presença destes produtos químicos tóxicos altera a cor e o sabor da água, levando a um aumento da quantidade de minerais, também conhecido como eutrofização. Além disso, a temperatura da água altera-se, produz-se um odor desagradável e a água torna-se muito perigosa para os organismos aquáticos, o que resulta na contaminação da água.

4) Poluição por hidrocarbonetos

O petróleo não se dissolve na água e forma uma camada na superfície da água. Quando grandes quantidades de petróleo entram no mar, formam uma camada à superfície da água e causam problemas à vida marinha, como peixes, aves e outros organismos aquáticos.

5) Aquecimento global

O aquecimento global está a provocar um aumento da temperatura da água. Este aumento da temperatura leva à morte de plantas e animais aquáticos. Isto também leva ao branqueamento dos recifes de coral na água, o que mais tarde leva à poluição da água.

6) Resíduos radioactivos

A energia nuclear é gerada por fissão nuclear ou fusão nuclear. O elemento utilizado para gerar energia nuclear é o urânio, um químico altamente tóxico. Os resíduos produzidos nas centrais nucleares são materiais radioactivos que devem ser eliminados de forma adequada para evitar um acidente nuclear. Se não forem eliminados corretamente, podem provocar graves riscos para a saúde e para o ambiente. Alguns acidentes graves ocorreram na Rússia e no Japão.

7) Eutrofização

A eutrofização é um aumento do teor de nutrientes nas massas de água. Isto leva a uma proliferação de algas na água. Isto também esgota o oxigénio na água, o que tem um impacto negativo nos peixes e outros animais aquáticos.

8) Fugas em instalações de armazenagem subterrânea: Os produtos petrolíferos e o carvão são transportados de um local para outro através de condutas subterrâneas. Para evitar danos nestas condutas, estas devem ser cuidadosa e regularmente inspeccionadas. Se ocorrer uma fuga nestas condutas, podem surgir vários perigos para o ambiente, os seres humanos e outras espécies.

9) Depósitos atmosféricos

As fontes de combustão, como os veículos e a indústria, libertam grandes quantidades de gases e partículas, como o azoto, o enxofre e os compostos metálicos. Estes gases e partículas depositam-se no solo sob a forma de poeiras ou com a chuva e a neve, entrando assim nas massas de água e nas águas subterrâneas. Estas substâncias tóxicas (dioxinas, furanos, bifenilos policlorados, hidrocarbonetos poliaromáticos, etc.) acumulam-se nas massas de água e prejudicam a vida aquática.

10) Fertilizantes e pesticidas

Os fertilizantes químicos e os pesticidas são utilizados pelos agricultores para proteger as suas plantas dos insectos e das bactérias. São úteis para o crescimento das plantas. No entanto, quando estes produtos químicos são misturados com a água, são prejudiciais para as plantas e os animais. Quando chove, os produtos químicos misturam-se com a água da chuva e correm para os rios e canais, constituindo uma séria ameaça para os animais aquáticos.

11) Combustíveis fósseis

Quando as florestas, os combustíveis fósseis como o carvão ou os produtos petrolíferos se incendeiam acidentalmente, é produzida uma grande quantidade de cinzas que são libertadas diretamente para a atmosfera. Estas cinzas contêm também substâncias químicas tóxicas que reagem com o vapor de água e formam a chuva ácida. Estes acidentes libertam grandes quantidades de dióxido de carbono para a atmosfera, que é a principal causa do aquecimento global.

12) Águas residuais

As águas residuais são drenadas através dos tubos subterrâneos e, se ocorrer uma pequena fuga, a qualidade da água subterrânea fica contaminada e deixa de ser utilizável. Se não forem tomadas medidas adequadas, a água da fuga virá à superfície e proporcionará um ambiente favorável à reprodução de insectos e mosquitos.

13) Resíduos domésticos

São produzidas grandes quantidades de resíduos nos sectores doméstico, agrícola e industrial. Estes resíduos são depositados fora da cidade, dando origem a aterros sanitários. Estes resíduos produzem um odor desagradável. Quando chove, estes aterros têm fugas e acabam nas águas subterrâneas, contaminando-as e piorando a qualidade da água.

14) Resíduos animais

Os resíduos dos animais são arrastados para os rios quando chove. Estes misturam-se com outros produtos químicos nocivos e provocam várias doenças transmitidas pela água, como a cólera, a diarreia, a iterícia, a disenteria e a febre tifoide.

3.3 Principais fontes de poluição da água

As fontes de água podem ser divididas em duas categorias:

1) Águas de superfície

Os oceanos, lagos e rios são designados por fontes de água de superfície. As águas de superfície são facilmente afectadas por poluentes. Por exemplo, os derrames de petroleiros provocam manchas de óleo que afectam a vida aquática.

2) Águas subterrâneas

As fontes de água sob as estruturas rochosas são conhecidas como aquíferos. Esta água armazenada nos aquíferos é conhecida como água subterrânea. É a principal fonte de água potável. Estas fontes de água subterrânea também são poluídas por actividades humanas, resíduos ou produtos industriais e escoamento de terras agrícolas. A utilização de pesticidas nos campos agrícolas e nos jardins atinge as águas subterrâneas e contamina-as. Os produtos químicos da indústria entram nas fontes de água subterrânea com a água da chuva e poluem estes recursos.

As águas de superfície são mais susceptíveis à poluição do que as fontes de água subterrânea. Em 1996, um estudo realizado no Iowa concluiu que mais de metade dos poços de água subterrânea do estado estavam contaminados com herbicidas.

As fontes de poluição da água podem ser classificadas da seguinte forma:

1) Poluição de fontes pontuais

Se os poluentes tiverem origem num único ponto, por exemplo, nas condutas de drenagem de uma indústria, trata-se de poluição de **fonte pontual**. É também designada por poluição de um local específico. No caso da poluição de fonte pontual, a área circundante é a mais afetada. Esta poluição de fonte pontual pode ter origem na indústria ou nas condutas de águas residuais de uma única exploração agrícola. **A figura 3.1 mostra** as fontes pontuais de poluição da água.

2) Poluição de fontes não pontuais

Se as fontes de água não são poluídas a partir de uma única fonte, mas os poluentes provêm de várias fontes dispersas, esta situação é designada por poluição de fontes difusas. O escoamento agrícola, as águas residuais urbanas, os estaleiros de construção, etc. são exemplos de fontes não pontuais. **A Figura 3.2 mostra** as fontes difusas de poluição da água.

Figura 3.1: Fonte pontual de poluição da água

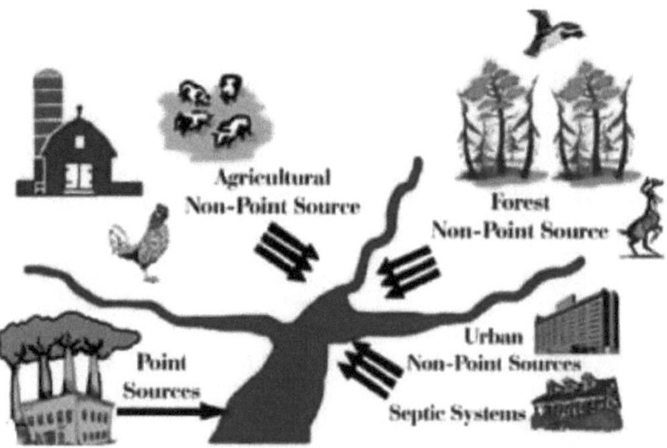

Figura 3.2: Fontes não pontuais de poluição da água

3) Poluição transfronteiriça

A área em torno das fontes poluentes é a mais afetada. No entanto, em alguns casos, os poluentes são produzidos num local e causam danos ambientais noutro. Este tipo de poluição é conhecido como poluição transfronteiriça, em que o poluente é produzido num país mas pode danificar o ambiente noutro. Os resíduos nucleares são um exemplo de poluição transfronteiriça. Os resíduos radioactivos provêm de instalações de reprocessamento nuclear em Inglaterra e França, mas atravessam o oceano para países vizinhos como a Irlanda e a Noruega - um exemplo de poluição transfronteiriça.

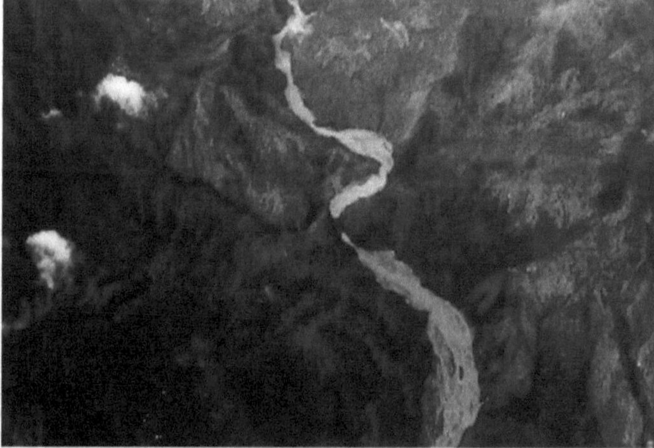

Figura 3.3: Fontes transfronteiriças de poluição da água

3.4 Efeitos da poluição da água

As pessoas querem todas as facilidades da vida para as quais constroem indústrias, cidades, fabricam automóveis e outros meios de transporte, e pensam que, se queremos todas estas coisas, temos de aceitar alguma poluição. Por outras palavras, a poluição é um mal necessário que acompanha o desenvolvimento da sociedade. Mas nem toda a gente concorda com este ponto de vista. Atualmente, quase toda a gente está consciente do problema da poluição. Uma parte da poluição deve-se a erros humanos. Por exemplo, quando os petroleiros são mal construídos, provocando acidentes no mar. O custo da poluição por petróleo prejudica a vida aquática e também a economia do país. Alguns dos efeitos nocivos da poluição da água são descritos aqui.

1) Doenças transmitidas pela água

As doenças de origem hídrica são causadas pela poluição da água. Os esgotos domésticos e as águas residuais industriais, os resíduos agrícolas, os derrames de petróleo e os resíduos de águas termais são descarregados nas massas de água, que ficam assim poluídas. Nesta água crescem várias bactérias nocivas que provocam várias doenças nos seres humanos, especialmente nas crianças. As doenças causadas por estas bactérias são também conhecidas como doenças de origem hídrica. A febre tifoide, os cálculos renais, as doenças intestinais, os cálculos pancreáticos, as infecções da urina e dos rins e outras doenças estão associadas às doenças de origem hídrica.

2) Morte de animais aquáticos

A poluição da água causa grandes dificuldades à vida aquática, uma vez que mata vários organismos aquáticos. Os derrames de petróleo, a libertação de pesticidas da agricultura e os produtos químicos das águas industriais são a principal razão da morte de peixes, aves e golfinhos. Vários outros animais são mortos devido à presença de poluentes no seu habitat.

3) Interrupção da cadeia alimentar

A poluição da água também perturba a cadeia alimentar natural. Os poluentes da indústria contêm principalmente chumbo, crómio e mercúrio, que acabam nos animais aquáticos. Estes pequenos peixes são comidos por outros peixes, e a cadeia alimentar continua desta forma e atinge níveis mais elevados. A presença destes químicos nocivos perturba a cadeia alimentar do primeiro ao último nível.

4) Malnutrição

Os seres humanos também se alimentam no mar. O marisco é uma das mais importantes fontes de alimento para os seres humanos. No entanto, os efluentes industriais, o escoamento agrícola, os derrames de petróleo e os depósitos de resíduos estão a poluir o mar e outras fontes de água. Como resultado, o teor de nutrientes do marisco está a diminuir.

5) Danos à biodiversidade

A poluição da água também afecta a biodiversidade. Uma das maiores ameaças actuais é a perda de biodiversidade. Várias espécies estão a desaparecer da Terra. Se as espécies da Terra continuarem a extinguir-se desta forma, chegará o dia em que os seres humanos terão de enfrentar esta ameaça. Por isso, é muito importante manter a diversidade da vida na Terra o mais alargada possível. Várias espécies de vida aquática desapareceram devido à poluição das massas de água de várias origens (indústrias, agregados familiares, terrenos agrícolas, centrais nucleares e centrais térmicas). Este é um dos piores efeitos da poluição da água.

6) Doenças relacionadas com a alimentação

As fontes de água são poluídas por organismos vivos de várias formas, por exemplo, águas residuais industriais não tratadas, resíduos domésticos, escoamento agrícola, etc. Estes poluentes afectam as fontes de água e infectam as espécies aquáticas através dos seus efeitos nocivos. Estes poluentes afectam as fontes de água e infectam as espécies aquáticas através dos seus efeitos nocivos. Os seres humanos e os animais bebem água poluída de lagos, rios e ribeiros. Como resultado, a vida aquática, os seres humanos e os animais sofrem de várias doenças transmitidas pela água. Quando as pessoas consomem alimentos provenientes da água e a carne destes animais que estão infectados com doenças transmitidas pela água, ficam infectados e causam vários distúrbios digestivos e doenças gastrointestinais. **7) Destruição do ecossistema ou do ambiente**

A poluição da água destrói o ecossistema (no qual os seres vivos interagem num mesmo local e dependem uns dos outros para viver). O ambiente é tudo o que nos rodeia e nos dá vida e saúde. Destruir o ambiente acaba por diminuir a qualidade da nossa própria vida e é por isso que a poluição deve ser importante para todos nós.

3.5 Tratamento da água

A água contaminada é tratada utilizando métodos de tratamento convencionais, mas estes não são suficientes para cumprir as normas ambientais. Os materiais e as tecnologias de tratamento convencionais, como o carvão ativado, a oxidação, as lamas activadas, a nanofiltração (NF) e as membranas de osmose inversa (RO), não são adequados para o tratamento de águas poluídas complexas e complicadas que contêm produtos farmacêuticos, produtos de higiene pessoal, tensioactivos, vários aditivos industriais e numerosos produtos químicos. Os métodos tradicionais ou convencionais de tratamento de água não são capazes de remover todos os produtos químicos tóxicos e microorganismos da água bruta.

A utilização de melhores tecnologias de purificação pode reduzir os problemas de escassez de água, saúde, energia e alterações climáticas. A reutilização das águas residuais pode permitir poupanças significativas de água potável, o que, por sua vez, exige o desenvolvimento de materiais e métodos que sejam eficientes, rentáveis e fiáveis. Embora a diluição de águas residuais complexas possa ajudar a reduzir a carga de micropoluentes a jusante [1,2], uma grande parte destas substâncias não é considerada no tratamento convencional da água, uma vez que se encontram em micro ou mesmo nanogramas por litro.

Os sistemas de tratamento biológico, como as lamas activadas e os filtros biológicos de decantação, não são capazes de remover uma vasta gama de poluentes emergentes e a maioria destes compostos permanece solúvel nas águas residuais. Os tratamentos físico-químicos, como a coagulação, a floculação ou o amaciamento com cal, demonstraram, em vários estudos, ser ineficazes para a remoção de vários EDC e compostos farmacêuticos [3-5].

Os processos com membranas, como a microfiltração, a ultrafiltração, a NF e a RO, que são processos de filtração com pressão controlada, são considerados novos processos altamente eficazes. São vistos como métodos alternativos para a remoção de grandes quantidades de micropoluentes orgânicos. As técnicas de membrana são métodos alternativos rentáveis, mas altamente fiáveis e melhores para o tratamento da água, com maior eficiência do que os métodos convencionais. Para a remoção de micropoluentes, a NF e a RO são as técnicas de filtração mais eficazes [6,7]. A osmose inversa é relativamente mais eficaz do que a NF, mas o maior consumo de energia na osmose inversa torna-a menos atractiva do que a NF, na qual a remoção de contaminantes é causada por vários mecanismos, como a convecção, a difusão (peneiração) e os efeitos de carga. Embora os processos de membrana baseados na NF sejam bastante eficazes na remoção de grandes quantidades de micropoluentes, são necessários materiais e métodos de tratamento avançados para o tratamento de micropoluentes emergentes.

Dado que a indústria da água precisa de produzir água potável de alta qualidade, há uma clara necessidade de desenvolver materiais e métodos estáveis e económicos para enfrentar os desafios de fornecer quantidades suficientes de água doce. Embora estejam a ser inventados novos métodos de tratamento, estes têm de ser estáveis, económicos e mais eficazes em comparação com as técnicas existentes. Para tal, as tecnologias de tratamento tradicionais têm de ser modernizadas, ou seja, actualizadas, modificadas ou substituídas pelo desenvolvimento de materiais e métodos eficientes, económicos e fiáveis. Isto é particularmente importante para se conseguirem poupanças significativas de água potável através da reutilização de águas residuais e para contrariar a deterioração diária da qualidade da água potável.

3.6 Processo de tratamento de águas residuais

As águas residuais das habitações, lojas, instalações industriais e fábricas são recolhidas no sistema de esgotos. Além disso, as águas residuais da chuva, do degelo da neve, da limpeza de ruas e pavimentos e de várias outras actividades fluem para o sistema de esgotos. Em algumas cidades/municípios, as águas residuais das ruas são descarregadas diretamente nos cursos de água/rios locais através de esgotos pluviais separados. Na maioria das cidades, porém, as águas residuais industriais, as águas pluviais e o escoamento das ruas são recolhidos nos mesmos colectores e depois encaminhados em conjunto para as estações de tratamento de águas residuais. Este sistema é conhecido como um sistema de esgotos combinado. Os colectores combinados podem ficar sobrecarregados durante chuvas fortes, etc. e, por conseguinte, não conseguem transportar as águas sanitárias e pluviais combinadas para as estações de tratamento. Isto resulta numa mistura de águas pluviais em excesso e de águas residuais não tratadas que fluem para os cursos de água municipais. Esta situação é conhecida como transbordo combinado de esgotos (CSO). Cerca de 70 por cento dos esgotos da cidade são combinados.

As estações de tratamento de águas residuais, também conhecidas como estações de tratamento de esgotos, removem a maioria dos poluentes das águas residuais antes de estas serem descarregadas nos cursos de água locais. Vários processos físicos e biológicos nas estações de tratamento de águas residuais conduzem à purificação das águas residuais. Os processos de tratamento são normalmente concluídos em poucas horas, embora os processos naturais possam demorar várias semanas a purificar o mesmo volume de água.

As águas residuais passam por cinco processos principais nas estações de tratamento: Pré-tratamento, tratamento primário, tratamento secundário, desinfeção e, finalmente, tratamento das lamas. Cerca de 85-95% dos poluentes são removidos das águas residuais através do tratamento primário e secundário antes de as águas residuais tratadas serem desinfectadas e depois descarregadas nos cursos de água. As lamas (subproduto do processo de tratamento) são digeridas para estabilização e depois desidratadas. O material resultante, as lamas de depuração, é espalhado para melhorar a vegetação ou pode ser reutilizado como composto ou fertilizante.

1) Tratamento provisório

O principal objetivo do pré-tratamento é a remoção de sólidos grosseiros e de outros materiais de grandes dimensões que se encontram frequentemente nas águas residuais brutas. A remoção de tais materiais é necessária para melhorar o funcionamento das unidades de tratamento subsequentes. Isto pode incluir a crivagem grosseira e a remoção de grão. Nas câmaras de areão, a velocidade do fluxo de água através da câmara de areão é mantida a um nível suficientemente elevado ou é utilizado ar para impedir a sedimentação dos sólidos orgânicos. No entanto, na maioria das pequenas estações de tratamento de águas residuais, a desarenação não é considerada uma fase de pré-tratamento.

2) Tratamento inicial

As águas residuais são colocadas num clarificador primário, também conhecido como um tanque de decantação, durante uma a duas horas. O caudal de água é abrandado para que os sólidos mais pesados possam assentar no fundo do tanque e as substâncias mais leves possam flutuar à superfície. No final do processo, as substâncias flutuantes, incluindo gorduras e pequenas partículas de plástico, sobem à superfície e são retiradas com uma escumadeira.

As lamas primárias, que consistem em sólidos sedimentados, são depois bombeadas através de separadores ciclónicos - separadores que utilizam a força centrífuga para separar areia, grãos de areia (como borras de café) e cascalho. Esta areia é removida, lavada e enviada para um aterro sanitário.

As lamas primárias degradadas são depois bombeadas para as instalações de tratamento de lamas da estação de tratamento de águas residuais para processamento posterior. As águas residuais parcialmente tratadas destes clarificadores primários fluem depois para o sistema de tratamento secundário.

3) Tratamento secundário

O tratamento secundário é frequentemente referido como o processo de lamas activadas, uma vez que o ar e o

As "lamas de inoculação" do processo da estação de tratamento de águas residuais são adicionadas às águas residuais para as decompor ainda mais. O ar é bombeado para grandes tanques de arejamento que misturam as águas residuais e as lamas, estimulando o crescimento de bactérias consumidoras de oxigénio e de outros organismos minúsculos que estão naturalmente presentes nas águas residuais. A maior parte da matéria orgânica remanescente é consumida por estes microrganismos, criando partículas mais pesadas que mais tarde se depositam no processo de tratamento. Demora cerca de 3-6 horas para que as águas residuais passem pelos tanques de bolhas.

As águas residuais arejadas fluem depois para os clarificadores secundários, que são semelhantes aos clarificadores primários. As partículas pesadas e outros sólidos depositam-se no fundo como lamas secundárias. Algumas destas lamas são reintroduzidas nos tanques de arejamento como "sementes" para iniciar o processo de arejamento. Estas contêm milhões de microrganismos que mantêm a mistura correcta de bactérias e ar na bacia, ajudando assim a remover o maior número possível de poluentes.

As lamas secundárias remanescentes são retiradas dos tanques de sedimentação e adicionadas às lamas primárias para posterior processamento nas estações de tratamento de lamas. As águas residuais passam pelos tanques de sedimentação em duas a três horas e são depois canalizadas para um tanque de desinfeção.

4) Desinfeção

Nenhum organismo patogénico é removido das águas residuais tratadas durante o tratamento primário e secundário. Para desinfetar/matar os organismos nocivos, as águas residuais permanecem em recipientes com contacto com o cloro durante pelo menos 15-20 minutos, que são misturados com hipoclorito de sódio. As águas residuais tratadas são depois descarregadas nos cursos de água locais. Esta etapa é importante para a proteção da saúde humana.

5) Tratamento de lamas

As lamas produzidas e recolhidas durante o tratamento primário e secundário devem ser concentradas e espessadas antes de serem processadas. São canalizadas para tanques de espessamento para que possam assentar e mais tarde separar-se da água. Este processo demora normalmente 24 horas. A água remanescente é recolhida e devolvida aos grandes tanques de arejamento para tratamento posterior. Após o tratamento, as lamas são devolvidas ao ambiente e podem ser utilizadas na agricultura. O tratamento das águas residuais tem várias vantagens: garante que o ambiente permanece livre de poluição da água. A água tratada é utilizada para arrefecer máquinas em fábricas e indústrias. Evita-se o aparecimento de doenças transmitidas pela água e garante-se a disponibilidade de água suficiente para a irrigação.

Conclusão

Pode, portanto, concluir-se que o tratamento das águas residuais é um dos processos mais importantes para a proteção do ambiente que deve ser promovido. As estações de tratamento de águas residuais tratam as águas residuais dos agregados familiares/unidades comerciais/indústrias. As águas residuais provenientes de instalações industriais, refinarias e unidades de produção são normalmente tratadas em estações no local. Estas instalações devem ser concebidas para tratar as águas residuais antes de estas entrarem em contacto com as massas de água locais. Algumas destas águas residuais são utilizadas para arrefecer a maquinaria das instalações e são recicladas. A descarga de águas residuais não tratadas em massas de água, ou seja, rios, lagos, mares ou no ambiente, deve ser evitada e proibida.

Referências

1. J.C. Bowman, J.L. Zhou, e J. W. Readman, Mar. Chem, **2002**, 77, 263.
2. I.M. Verstraeten, T.Heberer, J.R. Vogel, T. Speth, S. Zuehlke, e U. Duennbier, **2003**, Practice Periodical of Hazardous, Toxic, and Radioactive Waste Management,7, 253.
3. M. Petrovic, A. Diaz, F. Ventura, e D. Barcelo, Environ. Sci. Tech., **2003**, 37, 4442.
4. P. Westerhoff, Y. Yoon, S. Snyder, e E. Wert, Environ. Sci. Tech., **2005**, 39, 6649.
5. N. Vieno, T. Tuhkanen, e L. Kronberg, Environ. Tech., **2006**, 27, 183.
6. Y. Yoon, P. Westerhoff, J. Yoon, e S. A. Snyder, **2004**, J. Environ. Eng, 130, 1460.
7. Y. Yoon, P. Westerhoff, S. A. Snyder, e E. C. Wert, J. Membr.Sci., **2006**, 270, 88.

Capítulo 4

Sistemas de tratamento de água económicos

Resumo

A água desempenha um papel importante na sobrevivência de todos os organismos conhecidos no mundo. Em muitos países, as pessoas não têm acesso adequado a água potável e utilizam água contaminada com sólidos em suspensão, vectores de doenças, agentes patogénicos ou níveis inaceitáveis de toxinas. Beber essa água ou utilizá-la para a preparação de alimentos conduz a doenças agudas e crónicas generalizadas e é uma das principais causas de morte. O principal problema é a acessibilidade económica dos sistemas de purificação da água. Muitas pessoas dependem de água fervida ou engarrafada, que pode ser muito cara. Por conseguinte, a necessidade do momento é introduzir tecnologias de baixo custo, fáceis de operar/manter, sustentáveis e que efectuem os processos de tratamento utilizando materiais disponíveis localmente. Este capítulo apresenta algumas tecnologias únicas, económicas e sustentáveis que já estão disponíveis ou em utilização.

4.1 Introdução

A água é o composto químico mais importante e mais difundido na Terra. Sempre foi uma bebida importante e vital para os seres humanos e é essencial para a sobrevivência de todos os organismos conhecidos. As actividades domésticas diárias contribuem para a poluição da água. Quando chove, os fertilizantes dos relvados, o óleo dos caminhos de acesso, os resíduos de tintas e solventes das paredes e dos terraços e até os dejectos dos animais de estimação são arrastados para os esgotos pluviais ou para os lagos, rios e ribeiros mais próximos - os mesmos lagos, rios e ribeiros de que dependemos para beber água, andar de barco, nadar e pescar. O manuseamento incorreto de materiais em casa também pode levar à poluição. No mundo atual, a escassez de água e a poluição da água são questões críticas. A presença de poluentes em soluções aquosas, especialmente metais pesados e metalóides perigosos, é uma grande preocupação ambiental e social. Os poluentes mais comuns nas águas residuais são os metais pesados. Para muitas pessoas, a poluição por metais pesados é um problema associado a zonas de indústria intensiva. No entanto, as estradas e os veículos a motor são atualmente considerados como uma das fontes mais importantes de metais pesados. Os metais pesados mais comuns libertados pelo tráfego rodoviário são o zinco, o cobre e o chumbo. No entanto, as concentrações de chumbo têm vindo a diminuir continuamente desde a abolição da gasolina com chumbo. Podem também ser encontradas quantidades menores de muitos outros metais, como o níquel e o cádmio, nas escorrências das estradas e nos gases de escape.

A urbanização causada pelos automóveis é responsável por cerca de metade do zinco e do cobre libertados no ambiente. O desgaste dos pneus liberta zinco, enquanto os travões libertam cobre. O óleo do motor também tende a acumular metais ao entrar em contacto com as peças circundantes quando o motor está em funcionamento, pelo que as fugas de óleo são outra via pela qual os metais entram no ambiente. A maioria dos metais pesados está ligada às superfícies do pó da estrada ou a outras partículas nas estradas. Com a precipitação, os metais ligados tornam-se solúveis (dissolvidos) ou são varridos da superfície da estrada com a poeira. Em ambos os casos, os metais acabam no solo ou são canalizados para um dreno de águas pluviais. Os metais podem ser transportados por vários processos no solo ou em massas de água. Estes processos são determinados pela composição química dos metais, das partículas do solo e dos sedimentos e pelo valor do pH do ambiente.

$^+$A maioria dos metais pesados são catiões, por exemplo, o zinco e o cobre têm cada um uma carga de 2 . As partículas de poeira e de solo também têm carga. A maioria dos minerais de argila tem uma carga líquida negativa. As substâncias orgânicas no solo têm geralmente um grande número de sítios carregados nas suas superfícies, alguns positivos, outros negativos. As cargas negativas destas várias partículas do solo atraem e ligam os catiões metálicos, impedindo-os de se tornarem solúveis em água. A forma solúvel dos metais é considerada mais perigosa porque pode ser transportada mais facilmente e está mais facilmente disponível para plantas e animais. Em contrapartida, os metais ligados ao solo permanecem geralmente no seu lugar.

4.2 Técnicas rentáveis e eficazes

Devido aos efeitos tóxicos dos iões metálicos, existe uma necessidade urgente de remover os contaminantes de metais pesados. Neste capítulo, discutimos alguns dos métodos convencionais ou técnicas de tratamento de águas de baixo custo e técnicas de baixo custo para a remoção de iões metálicos de águas residuais. Algumas das técnicas de tratamento de águas de baixo custo são enumeradas a seguir:

1) Ebulição

A fervura ou o aquecimento da água mata todos os tipos de agentes patogénicos presentes na água e pode ser utilizada eficazmente em todas as águas, mesmo naquelas com elevada turbidez.

2) Tratamento térmico com radiação solar

^{o}A água contida em garrafas transparentes expostas à luz solar durante várias horas pode ser aquecida a temperaturas de 55 C, especialmente se a garrafa for pintada de preto de um lado ou se estiver sobre uma superfície escura que recolha e irradie calor. Este tratamento, que utiliza simultaneamente a radiação UV da luz solar e o efeito térmico da luz solar, inativa os micróbios presentes na água.

3) Tratamento solar através de efeitos UV e térmicos

Foi também desenvolvido, avaliado e posto em prática um tratamento para combater a contaminação microbiana da água através da radiação solar em recipientes transparentes, que permite o efeito germicida combinado da radiação

UV e do calor.

4) Desinfeção UV com lâmpadas

A desinfeção da água potável com lâmpadas UV é praticada há muito tempo. Este método de desinfeção da água potável atraiu um novo interesse nos últimos anos, uma vez que se provou ser capaz de inativar dois protozoários resistentes ao cloro em grande medida (>99,9%).

5) Precipitação química

A precipitação química é a tecnologia mais comum e eficaz para remover metais dissolvidos (iónicos) de soluções, por exemplo, de águas residuais de processos que contêm metais tóxicos. Os metais iónicos são convertidos em partículas insolúveis através da reação química entre os compostos metálicos solúveis e o reagente precipitante. As partículas formadas por esta reação são removidas da solução por decantação ou filtração. A unidade de processo necessária inclui a neutralização, a precipitação, a coagulação/floculação, a separação sólido-líquido e a desidratação. Vários factores determinam a eficácia da precipitação química, incluindo o tipo e a concentração de metais iónicos presentes na solução, as condições de reação (em particular o pH da solução), o precipitante utilizado e a presença de outros componentes que podem inibir a reação de precipitação.

4.3 Remoção de iões metálicos por biossorventes naturais

A utilização de biossorventes naturais para remover iões metálicos de águas residuais é de grande interesse, uma vez que são baratos, requerem pouco processamento e são muito mais abundantes na natureza.

1) A casca do fruto do tamarindo como adsorvente

As cascas do fruto do tamarindo (**Figura 4.1**) têm sido utilizadas como biossorvente económico para a remoção de vários corantes de soluções aquosas. As cascas de frutos de tamarindo, um produto residual da indústria de polpa de tamarindo, são utilizadas para a remoção de iões de metais pesados, como o crómio, de soluções aquosas.

Figura 4.1: Casca do fruto do tamarindo
2) Carapaças de caranguejo como biossorventes
O invólucro fibroso é constituído por calcite nanocristalina, o que confere à estrutura uma resistência muito elevada. A superfície superior (avermelhada) é fibrosa com nanopartículas metálicas
enquanto a camada inferior é constituída por um arranjo de nanofuros em camadas que se assemelha a uma estrutura de rede fotónica dinâmica do ar. As carapaças de caranguejo (**Figura 4.2**) favorecem a remoção de vários iões de metais pesados, especialmente em condições de pH ácido, devido à presença de $CaCO_3$ e quitina no biossorvente A quitina ou quitosano não é tóxica, é facilmente biodegradável e, por conseguinte, não prejudica o ambiente. A quitina actua como um permutador de aniões num meio ácido. A fraca solubilidade da quitina é o principal fator limitante da sua utilização, enquanto o quitosano tem uma seletividade natural para iões de metais pesados e é útil para o tratamento de águas residuais[1].

Figura 4.2: Conchas de caranguejo

3) A casca de arroz como adsorvente

A remoção de metais pesados de soluções foi possível com subprodutos agrícolas de baixo custo, por exemplo, casca de arroz como adsorvente. Os resíduos vegetais são baratos porque têm pouco ou nenhum valor económico. Muitos investigadores utilizaram a casca de arroz como adsorvente. A casca de arroz (**Figura 4.3**) pode ser utilizada para tratar metais pesados, quer na forma não tratada, quer na forma química e termicamente modificada, utilizando vários métodos de modificação [2]. [2] Muitos investigadores descobriram que a casca de arroz é o adsorvente mais eficaz para muitos metais, com a remoção de chumbo a atingir 98,15% à temperatura ambiente.

4) Casca de ovo e membrana de casca de ovo como biossorvente

A descarga de poluentes de metais pesados da indústria na água tornou-se um problema grave, especialmente os iões Cr(VI). As membranas de casca de ovo têm sido utilizadas para remover iões Cr(VI) de soluções aquosas [3].

Uma vez que a absorção de metais pelas cascas de ovo (**Figura 4.4**) depende, em grande medida, do número de sítios de ligação activos ou de grupos funcionais nos adsorventes, pode tentar-se melhorar os resultados actuais modificando os adsorventes das cascas de ovo com ácidos ou bases.

Figura 4.3: Casca de arroz

Figure 4:   Casca de ovo e membrana da casca de ovo

5) Resíduos de fruta como bioadsorvente

Os resíduos de frutas e legumes (**Figura 4.5**) provenientes da transformação de alimentos e da agricultura causam frequentemente problemas nos aterros municipais devido à sua elevada biodegradabilidade. A biossorção por estes adsorventes à base de resíduos (resíduos de frutos) pode ser utilizada como uma técnica económica e eficiente para remover metais pesados e corantes tóxicos das águas residuais.

Figura 4.5: Resíduos de frutos

6) Polpa de beterraba sacarina como adsorvente

A polpa de beterraba sacarina (**Figura 4.6**), que é barata e altamente selectiva, parece, portanto, ser um substrato promissor para a inclusão de metais pesados em soluções aquosas.

Figure 6:   Polpa de açúcar batido

6.4 Processo de permuta iónica

A permuta iónica é um método de amaciamento em que são utilizadas resinas de permuta iónica para atrair as impurezas dissolvidas, deixando a água pura. A tecnologia de permuta iónica é o processo mais amplamente utilizado e eficaz, especialmente no tratamento de água potável e na concentração e remoção de substâncias perigosas em concentrações muito baixas na indústria de processos químicos. Por conseguinte, a permuta iónica parece ser um candidato promissor para este fim. Várias resinas de permuta iónica são frequentemente utilizadas em processos de adsorção. $^{2+}$Dowex 50W, uma resina de gel com grupos sulfonatos, foi investigada para a remoção de Cd . A quantidade de ião metálico adsorvido foi de 4,7 meq/g de resina seca [4]. $^{2+2+}$A Amberlite IR-120 e a Purolite S-950, que estão disponíveis comercialmente, também podem ser utilizadas para remover Cd de soluções contendo iões Ni. R. Este permutador de iões da matriz poliestireno-divinilbenzeno contém grupos aminofosfónicos fracamente ácidos [5]. Os materiais de permuta iónica dividem-se em dois grupos principais: permutadores orgânicos e inorgânicos. Ambos os grupos incluem materiais sintéticos e naturais. Os permutadores de iões formam um grupo muito heterogéneo de materiais; a sua única caraterística comum é que contêm uma carga eléctrica fixa que pode ligar contra-iões com uma carga oposta.

6.5 Adsorção com carvão vegetal de casca de coco e esferas de alginato de cálcio e carvão vegetal

A utilização de carvão de casca de coco (**Figura 4.7**) e de esferas de alginato de cálcio (**Figura 4.7**) como adsorventes é outro método para remover iões metálicos da água. Neste processo, os adsorventes preparados foram eficazes e a percentagem de remoção de iões metálicos esteve diretamente relacionada com o aumento da massa da dose de adsorvente. $^{2+2+}$A eficiência de sorção encontrada foi da ordem dos iões Pb > Cd , As (V).

6.6 Biossorção de metais pesados com biobentos à base de trigo

Os materiais agrícolas desempenham geralmente um papel importante, uma vez que estão facilmente disponíveis. A palha de trigo tem sido utilizada com sucesso para estudar o seu comportamento de biossorção de iões metálicos aquosos.

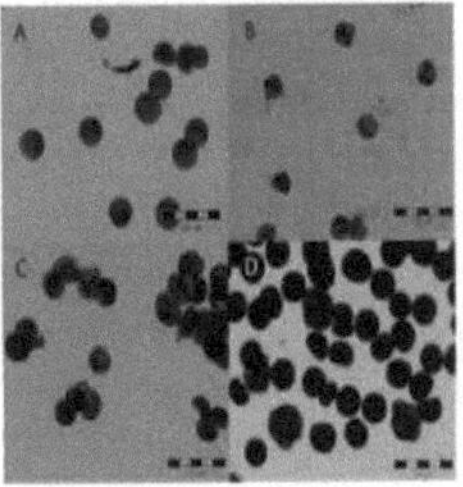

Coconut shell charcoal   **Calcium alginate beads**

Figura 4.7: Alginato de cálcio de casca de coco e carvão vegetal

4.7 Remoção por meio de um processo de membrana

As técnicas de filtração por membranas têm sido utilizadas para a maior parte da remoção de iões metálicos com elevada eficiência e custos de material relativamente baixos. Os processos de membrana utilizados para a remoção de iões metálicos são a osmose inversa, a nanofiltração, a ultrafiltração e a eletrodiálise.

1) Osmose inversa

A osmose inversa é o processo inverso da osmose espontânea. Foram efectuados numerosos estudos sobre a separação de orgânicos e poluentes orgânicos por membranas de osmose inversa, e estes estudos revelaram alguns dos aspectos únicos associados à separação orgânica. A osmose inversa é ideal para o tratamento de águas residuais, uma vez que permite tanto a recuperação de metais pesados como a reutilização da água do produto no processo. O processo de osmose inversa tem sido utilizado para o tratamento e recuperação de águas residuais contendo níquel, cobre ácido, zinco, cianeto de cobre, crómio, alumínio e ouro. A osmose inversa é ideal para o tratamento de águas residuais de muitos destes processos, uma vez que permite tanto a recuperação dos metais pesados como a reutilização da água do produto no processo. A RO

foi utilizado para o tratamento e recuperação de águas residuais contendo níquel, cobre, zinco, cianeto de cobre, crómio, alumínio e ouro [6-9].

2) Nanofiltração

A nanofiltração é utilizada para o tratamento de águas residuais contendo metais pesados, com o objetivo de reduzir o consumo de água doce e minimizar a poluição ambiental. A nanofiltração (NF) é um dos processos de membrana mais utilizados para o tratamento de água e de águas residuais, mas também para outras aplicações, como a dessalinização. Devido ao menor consumo de energia e aos caudais mais elevados, as membranas de osmose inversa (OR) foram substituídas por membranas de NF. É mais comummente utilizada para água com um baixo teor de sólidos totais dissolvidos, como as águas superficiais e as águas subterrâneas doces. Os investigadores investigaram a remoção de iões da água de enxaguamento da eletrólise do níquel utilizando NF de baixa pressão. [+]Os metais pesados foram separados dos iões de Na monovalentes a baixa pressão e podem ser tratados com uma membrana de NF carregada negativamente feita de resíduos de revestimento de Ni-P sem eletrólise [10]. A retenção de sais de cádmio e os coeficientes de transporte com uma membrana NF também foram investigados [11]. A retenção foi analisada em função dos contra-iões, da força iónica e do pH. Foi também desenvolvido um método para analisar os mecanismos de transporte envolvidos no transporte de sais de cádmio através de uma membrana NF [12]. Os mecanismos de convecção e difusão foram analisados em função da pressão transmembranar, da concentração das substâncias dissolvidas e do tipo de aniões associados.

3) Tecnologia de ultrafiltração

A ultrafiltração (UF) é apresentada como uma técnica útil para a recuperação de metais pesados em soluções aquosas sem a necessidade de adicionar outras substâncias. Um dos métodos de separação por membranas acionadas por pressão é a ultrafiltração (UF), que não é diretamente adequada para a remoção de íons metálicos dissolvidos porque o tamanho dos poros dessas membranas é muito grande (cerca de 20-1000 A). No entanto, em alguns processos híbridos, por exemplo, UF micelar [13] ou UF melhorada por complexação, os iões metálicos podem ser removidos com uma eficiência superior a 90 %.

4) Electrodialise

A eletrodiálise (ED) é um processo de separação por membranas em que a migração selectiva de iões aquosos através de uma membrana de permuta iónica ocorre em resultado de uma força motriz eléctrica. A ED foi inicialmente utilizada apenas para a desmineralização de soluções salinas, mas outras aplicações, como o tratamento de águas residuais industriais, ganharam recentemente importância. [14,15]

7.8 Biossorção na indústria

Os metais tóxicos contidos em várias águas residuais industriais devem ser removidos. Os processos de biossorção são utilizados para os remover. Trata-se de uma alternativa à utilização de resinas artificiais de permuta iónica, que são dez vezes mais caras do que os biossorventes. O método é frequentemente invertido para capturar uma solução altamente concentrada de contaminantes metálicos. O custo é muito mais baixo porque os biossorventes utilizados são frequentemente resíduos de explorações agrícolas ou são muito facilmente regenerados, como é o caso das algas e de outras biomassas não colhidas. A biossorção industrial é frequentemente efectuada utilizando colunas de sorção, como se mostra na **Figura 4.8**. As águas residuais que contêm iões de metais pesados são canalizadas para uma coluna a partir de cima. Os biossorventes adsorvem os poluentes e permitem que as águas residuais isentas de iões saiam pelo fundo da coluna. O processo pode ser invertido para recolher uma solução altamente concentrada de contaminantes metálicos. Os biossorventes podem então ser reutilizados ou descartados e substituídos.

A capacidade de alguns microrganismos vivos acumularem elementos metálicos foi inicialmente observada de um ponto de vista toxicológico. No entanto, outras investigações mostraram que a biomassa microbiana inativa/morta pode ligar passivamente iões metálicos através de vários mecanismos físico-químicos. Por conseguinte, a investigação sobre a biossorção tornou-se um campo ativo para a remoção de iões metálicos ou compostos orgânicos. O comportamento dos biossorventes para iões metálicos é uma função da composição química das células microbianas que os constituem [16]. Os mecanismos responsáveis pela biossorção só são conhecidos de forma limitada, mas podem ser uma ou uma combinação de troca iónica, complexação, coordenação, adsorção, interação eletrostática, quelação e microprecipitação.

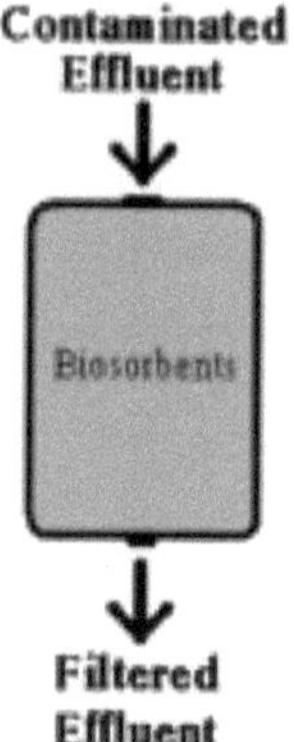

Figure 8: Uma coluna de sorção com biossorventes

Um grande número de materiais foi analisado em pormenor como biossorventes para a remoção de metais ou substâncias orgânicas. Os biossorventes testados podem ser essencialmente divididos nas seguintes categorias: Bactérias (e.g. Bacillus subtillis), fungos (e.g. Rhizopus arrhizus), leveduras (e.g. Saccharomyces cerevisiae), algas, resíduos industriais (e.g. biomassa residual de S. cerevisiae proveniente da fermentação e da indústria alimentar), resíduos agrícolas (e.g. grãos de milho) e outros materiais polissacáridos, etc. [17]. O papel de alguns grupos de microrganismos, como as bactérias, os fungos, as leveduras, as algas, etc., já foi estudado em pormenor. Foi relatado que estas biomassas testadas podem ligar uma variedade de metais pesados em graus variáveis. Foram parcialmente identificados alguns biomateriais potenciais com elevada capacidade de ligação de metais. Alguns tipos de biossorventes ligam e recolhem a maioria dos metais pesados sem prioridade específica, enquanto outros podem mesmo ser específicos para certos tipos de metais [16].

Conclusão

O fornecimento de água potável deve ser uma prioridade no mundo. O momento é oportuno e exige água potável em todos os lares, tanto nas zonas rurais como urbanas, com tecnologia de tratamento de água económica. Este capítulo centrar-se-á nos métodos rentáveis e sustentáveis de tratamento da água. Dos métodos rentáveis acima referidos, os metais pesados são melhor removidos por resinas de permuta iónica e métodos de biossorção.

Referências

1. D. Nilanjana, P. Karthika, R. Vimala e V. Vinodhini, Natural product radiance, **2008,** 7, 133.
2. O. Dada, J.O. Ojediran e A.P. Olalekan, Adv. Phys. Chem., **2013** doi.org/10.1155/2013/842425.
3. H. Daraei, A. Mittal, J. Mittal e H. Kamali, Des. water treat, **2014,** 52, 1307.
4. E. Pehlivan e T. Altun, J. Hazard. Mater, **2006,** 134, 149.
5. A. Dabrowski, Z. Hubicki, P. Podkoscielny e E. Robens, Chemosphere, **2004,** 56, 91,
6. J. Schrantz, Ind. Finish, **1975,** 51, 30.
7. T. Sato, M. Imaizumi, O. Kato e Y. Taniguchi, Desalination, **1977,** 23, 65.
8. C. Kamizawa, H. Masuda, M. Matsuda, T. Nakane e H. Akami, Desalination, **1978,** 27, 261.
9. P.S. Cartwright, Desalination, **1991,** 83, 225.
10. A. W. Mohammad, R. Othaman e N. Hilal, Desalination, **2004,** 168, 241.
11. G. T. Ballet, L. Gzara, A. Hafiane e M. Dhahbi, Desalination, **2004,** 167, 369.
12. Y. Garba, S. Taha, Gondrexon, J. Cabon e G. Dorange, J. Membr. Sci, **2000,** 168, 135.
13. L. K. Yurlova, A. Ryvoruchko e B. Kornilovich, **2002,** 144, 255.
14. X. Tongwen, Recursos, Conservação e Reciclagem, **2002,** 37, 1.
15. H. Strathmann, R.D. Noble e S. Stern, eds. **1995,** 213, Elsevier, Nova Iorque, EUA.
16. B. Volesky e Z.R. Holan, Biotechnol. Prog. **1995,** 11, 235.
17. K. Vijayaraghavan e Y.S. Yun, Biotechnol. avdan. **2008,** 26, 266.

Índice

Printed by Books on Demand GmbH, Norderstedt / Germany